Abdelhamid Fadhel
Sami Kooli

Performance des Serres

Abdelhamid Fadhel
Sami Kooli

Performance des Serres

Dans le séchage solaire des produits agroalimentaires

Presses Académiques Francophones

Impressum / Mentions légales
Bibliografische Information der Deutschen Nationalbibliothek: Die Deutsche Nationalbibliothek verzeichnet diese Publikation in der Deutschen Nationalbibliografie; detaillierte bibliografische Daten sind im Internet über http://dnb.d-nb.de abrufbar.
Alle in diesem Buch genannten Marken und Produktnamen unterliegen warenzeichen-, marken- oder patentrechtlichem Schutz bzw. sind Warenzeichen oder eingetragene Warenzeichen der jeweiligen Inhaber. Die Wiedergabe von Marken, Produktnamen, Gebrauchsnamen, Handelsnamen, Warenbezeichnungen u.s.w. in diesem Werk berechtigt auch ohne besondere Kennzeichnung nicht zu der Annahme, dass solche Namen im Sinne der Warenzeichen- und Markenschutzgesetzgebung als frei zu betrachten wären und daher von jedermann benutzt werden dürften.

Information bibliographique publiée par la Deutsche Nationalbibliothek: La Deutsche Nationalbibliothek inscrit cette publication à la Deutsche Nationalbibliografie; des données bibliographiques détaillées sont disponibles sur internet à l'adresse http://dnb.d-nb.de.
Toutes marques et noms de produits mentionnés dans ce livre demeurent sous la protection des marques, des marques déposées et des brevets, et sont des marques ou des marques déposées de leurs détenteurs respectifs. L'utilisation des marques, noms de produits, noms communs, noms commerciaux, descriptions de produits, etc, même sans qu'ils soient mentionnés de façon particulière dans ce livre ne signifie en aucune façon que ces noms peuvent être utilisés sans restriction à l'égard de la législation pour la protection des marques et des marques déposées et pourraient donc être utilisés par quiconque.

Coverbild / Photo de couverture: www.ingimage.com

Verlag / Editeur:
Presses Académiques Francophones
ist ein Imprint der / est une marque déposée de
OmniScriptum GmbH & Co. KG
Heinrich-Böcking-Str. 6-8, 66121 Saarbrücken, Deutschland / Allemagne
Email: info@presses-academiques.com

Herstellung: siehe letzte Seite /
Impression: voir la dernière page
ISBN: 978-3-8381-4091-9

Copyright / Droit d'auteur © 2014 OmniScriptum GmbH & Co. KG
Alle Rechte vorbehalten. / Tous droits réservés. Saarbrücken 2014

UNIVERSITE DES SCIENCES DES TECHNIQUES
ET DE MEDECINE DE TUNIS

FACULTE DES SCIENCES DE TUNIS

THESE

Présenté pour obtenir le titre de

DOCTEUR EN PHYSIQUE

Par

Abdelhamid FADHEL

PERFORMANCE DES SERRES DANS LE SECHAGE SOLAIRE DES PRODUITS AGROALIMENTAIRES

Soutenue devant le jury composé de Messieurs :

Président :	R. BEN MAAD	Professeur, Université Tunis II
Rapporteurs :	T. LILI	Professeur, Université Tunis II
	A.GUIZANI	Professeur, INRST
Examinateurs :	A. BELGHITH	Professeur, Université Tunis II
	S. BEN JABRALAH	Maître de conférences, Université 7 Nov à cartha
Invité :	S. KOOLI	Maître Assistant, INRST

-25 Avril 2007 -

Remerciements

Le présent travail a été effectué au Laboratoire des Applications Solaires (équipe de Thermique) de l'Institut National de Recherche Scientifique et Technique de Tunis (I.N.R.S.T), sous la direction de Monsieur Ali BELGHITH, Professeur à la Faculté des Sciences de Tunis (F.S.T).

Je remercie Monsieur Ali BELGHITH pour son appui et ses encouragements qui ont permis la réalisation de ce travail et également Monsieur Sami KOOLI Maître assistant à l'I.N.R.S.T qui a suivi de près toutes les phases de cette Thèse.

J'adresse toute ma reconnaissance à Monsieur Rejeb BEN MAAD Professeur à la F.S.T pour l'honneur qu'il me fait de présider le jury de ma thèse.

J'exprime ma gratitude à Monsieur Taieb LILI Professeur à la F.S.T et à Monsieur Amen Allah Guizani Professeur à l'I.N.R.S.T d'avoir accepté de juger ce travail en tant que rapporteurs.

Je remercie respectueusement Monsieur Sadok BEN JABRALLAH Maître de conférences à la Faculté des Sciences de Bizerte (F.S.B) d'avoir accepté d'être membre de mon jury de thèse.

Je suis très reconnaissant envers Monsieur Abdelhamid FARHAT Maître de conférences à l'I.N.R.S.T pour ses aides sur tous les plans.

J'exprime toutes ma reconnaissance à Monsieur, H. KILANI., H. GALLALA, K. EL KHAL, Z. RIAHI et M. BALGHOUTHI, pour leur soutien moral et leur collaboration pour la réalisation de ce travail.

Je remercie enfin toute l'équipe de thermique de l'I.N.R.S.T pour sa collaboration et tous ceux qui m'ont aidés à accomplir ce travail.

Table des Matières

INTRODUCTION GENERALE		8
Chapitre I	THEORIES DU SECHAGE : ETUDE BIBLIOGRAPHIQUE	11

I-1 Introduction 11
I-2 Aperçu historique 12
I-3 Description des phénomènes mis en jeu 13
I-4 Différentes phases de séchage 16
    I-4-1 Période zéro ou période de mise en température 17
    I-4-2 Période 1 ou Période de séchage à vitesse constante 17
    I-4-3 Période 2 ou Période de séchage à vitesse décroissante 18
    I-4-4 Période 3 ou période hygroscopique 18
    I-4-5 Diversité des courbes de séchage 19
I-5 Prévision des cinétiques de séchage 21
    I-5-1 Approche *théorique* 21
    I-5-2 Approche *empirique* 24
        I-5-2-1 Les équations caractéristiques de séchage (*ou formule empirique*) 24
        I-5-2-2 Les courbes caractéristiques de séchage 25
I-6 Séchage sous serre et en plein air 27

Chapitre II	**ETUDE THEORIQUE**	28

II-1 Introduction 28
II-2 Quelques notions fondamentales 28
    II-2-1 Humidité relative de l'air : Degré hygrométrique
    II-2-2 Humidité absolue de l'air 29
    II-2-3 Teneur en eau d'un corps humide 30
    II-2-4 La vitesse de séchage 30
    II-2-5 Activité de l'eau dans le produit 31

II-2-5 Flux de masse — 31
II-3 Fondements théoriques : (Approche *semi-empirique*) — 32

Chapitre III   MATERIEL ET METHODE   37

III-1 Introduction — 37
III-2 Traitement du produit — 37
   III-2-1 Pré-traitement du piment — 38
   III-2-2 Pré-traitement du raisin — 38
   III-2-3 Pré-traitement de tomate — 38
III-3 Dispositifs expérimentaux — 39
   III-3-1 Le premier dispositif : Au laboratoire — 39
   III-3-2 Le deuxième dispositif — 41
   III-3-3 Le troisième dispositif — 43
III-4 Mode opératoire — 48
   III-4-1 Les essais au laboratoire — 48
   III-4-2 Les essais à l'extérieur — 49

Chapitre IV   **RESULTATS EXPERIMENTAUX ET INTERPRETATIONS**   50

IV-1 Introduction — 50
IV-2 Séchage à conditions variables (au laboratoire) — 50
   IV-2-1 Cinétiques de séchage du piment — 50
      IV-2-1-1 Conversion teneur en eau/teneur en eau réduite — 51
      IV-2-1-2 Influence des paramètres du séchage sur les cinétiques — 53
   IV-2-2 Les cinétiques de séchage du raisin — 58
      IV-2-2-1 détermination de la teneur en eau d'équilibre — 60
      IV-2-2-2 Influence des paramètres du séchage sur les cinétiques — 60
IV-3 Séchage à conditions variables (à l'air libre, sous la serre et dans le séchoir) — 64
   IV-3-1 Conditions et cinétiques de séchage — 64
   IV-3-2 Séchage à l'air libre — 65
   IV-3-3 Séchage sous la serre — 67
   IV-3-4 Séchage dans le séchoir — 69

IV-4 Etude comparative des trois procèdes des séchage	71
IV-4-1 Cas du piment	72
IV-4-2 Cas du raisin	73
IV-4-3 Cas de tomate	74
IV-4 Conclusion	75

Chapitre V   MODELISATION ET RESULTATS DE SIMULATION   77

V-1 Introduction	77
V-2 Modèle de séchage à conditions constantes (modèle à C.C.)	77
V-2-1 Détermination des coefficients du modèle	77
V-2-2 Vérification du Modèle	80
V-3 Modèle de séchage à conditions variables (modèle à C.V.)	89
V-4 Conclusion	94
CONCLUSION GENERALE	**96**
REFERENCE BIBIOGRAPHIQUE	**98**
ANNEXE 1	**102**
ANNEXE 2	**116**

Nomenclature

Symboles

A, B	Coefficients de proportionnalités d'évaporation de l'eau dans l'équation (II.25)	
A_P	Surface du produit	m²
A_W	Activité de l'eau	
C, D	Coefficients de proportionnalités d'évaporation de l'eau dans l'équation (II.36)	
C_π, D_π	Coefficients de proportionnalités d'évaporation de l'eau dans Le cas du piment dans les équations (V.5) et (V.8).	
C_ρ, D_ρ	Coefficients de proportionnalités d'évaporation de l'eau dans le cas du raisin dans les équations (V.6) et (V.9)	
C_p	Chaleur massique de l'air	J/kg
c_π, d_π	Pentes des droites (cas du piment) dans les équations (V.4), (V.7)	
c_ρ, d_ρ	Pentes des droites (cas du raisin)	
C(X)	Conductance expérimental de transfert de masse dépend de la différence de pression de vapeur d'eau saturante et de la vapeur d'eau dans l'air	s/m
D_{eff}	La diffusivité effective	m²/s
D(X)	Conductance expérimental de transfert de masse dépendant de la radiation	s²/m²
D(X, T)	Coefficient de diffusion	m²/s
$F(L_e)$	Fonction de Lewis	
G	Flux radiatif	W/m²
H_a	Humidité absolue de l'air	
H_r	Humidité relative de l'air	%
HR	Humidité relative de l'air aux alentours du produit	%
h	Cœfficient de transfert de chaleur	W/m²°K
h_m	Cœfficient de transfert de masse	m/s
J	Flux de masse	kg/m²s
L_e	Nombre de Lewis	
L_v	Chaleur latente de vaporisation	J/kg
M	Masse molaire moléculaire de la vapeur d'eau	kg
m	Masse	kg
max	Maximum	
P	Pression	Pa
P_r	Nombre de Prandtl	
Q	Flux de chaleur	W/m²
R	Constante des gaz parfaits	J/mol°K
R^2, R_c^2, R_d^2, R_{Xe}^2	Coefficients de déterminations	
S_c	Nombre de Shmidt	
T	Température de l'air	°K
T_a	Température référence de l'air	°C
t	Temps	s

V	Vitesse	m/s
X	Teneur en eau	kg/kg.MS
XR	Teneur en eau réduite	
X_0	Teneur en eau initiale du produit	kg/kg.MS
$X(t)$	Teneur en eau du produit à l'instant t	kg/kg.MS

Lettres Grecques

τ	Facteur de correction	
ρ	Masse volumique	kg/m^3
μ	Potentiel chimique	J/kg
χ^2	Qui- carré	
σ_{Hr}	Ecart type de l'humidité relative de l'air	%
σ_T	Ecart type de la température de l'air	°C
α_n	la racine positive de la fonction de Bessel J_0	

Indice

a	Air
a,s	Air sec
cr	Critique
e	Extérieure
eq	Equilibre
eau	Eau
f	Finale
g	Gaz
h	Humide
i	intérieure
l	Liquide
p	Produit
pF	Produit final
r	Relative
S	Matière sèche
sh	Séchoir
v	Vapeur
v,s	Vapeur saturée
s,a	Vapeur d'eau saturée dans l'air
s	Vapeur d'eau saturée
W	Surface libre d'eau
moy	moyenne

INTRODUCTION GENERALE

Le séchage naturel est un procédé de conservation ancien pratiqué surtout dans les pays pauvres en ressources énergétiques conventionnelles en particulier les pays Méditerranéens. Le produit sec obtenu est infecté par contamination des insectes, des poussières, et soumis aux intempéries pendant le séchage. Une alternative possible consiste à utiliser les séchoirs de type serre tunnels qui permettent de contrôler les conditions de l'air asséchant et assurent une meilleure qualité du produit séché en moins de temps et à moindre coût.

Le séchage est une opération faisant intervenir des phénomènes complexes de transferts couplés de chaleur et de matière à l'intérieur et à la surface du produit. Le séchage sous serre et en plein air est un séchage combiné de type « convectif-radiatif » où l'apport de chaleur se fait principalement par convection et par rayonnement, une petite partie de l'énergie peut être apportée de façon parasite par conduction ; les conditions d'air de séchage (température, vitesse et humidité) ainsi que le rayonnement solaire incident sont en variation continue dans le temps (séchage en conditions variables et non contrôlées).

Les modèles de simulation des cinétiques de séchage sont indispensables pour concevoir de nouveaux systèmes de production, améliorer des systèmes existants ou bien pour contrôler l'opération de séchage. De nombreux modèles ont été développés dans la littérature pour décrire le processus de séchage. Ces modèles peuvent être classés en deux grandes catégories correspondant à deux démarches différentes :

Les modèles de *connaissance*, correspondant à une démarche *théorique*, analysent et décrivent les mécanismes de transfert entrant en jeu lors du séchage d'un produit. Ces modèles sont naturellement complexes et font apparaître dans leur écriture, un certain nombre de paramètres spécifiques au produit tel que le coefficient de diffusion fonction de la température et de la teneur en eau du produit. Lors de la modélisation du séchage sous serre et en plein air on doit tenir compte de l'irradiation du produit ainsi que les conditions variables de séchage qui accroîtront encore la difficulté.

Les modèles de *comportement*, correspondant à une démarche *empirique*, permettent d'assurer la prise en compte d'un maximum d'informations avec un minimum de complexités. Dans cette approche toute la spécificité du produit ainsi que les conditions de séchage sont inclus dans la structure même de l'équation cinétique développée. L'approche *empirique* conduit à une perte d'information, ou tout au moins à une modification de l'information nécessaire à la description du séchage. Ces modèles ne sont pas valides pour représenter les cinétiques de séchage réalisées avec variation des conditions de séchage.

A ce fait, nous proposons d'adopter une nouvelle démarche dite *semi-empirique* qui permet d'obtenir des modèles à mi-chemin entre les modèles de connaissances (approche *théorique*) et les modèles *empiriques* et repose sur la théorie de l'évaporation de l'eau. C'est une démarche, récente, dans la quelle les équations de séchage, et par conséquent le calcul de la cinétique de séchage, sont établies à partir de la théorie de l'évaporation de l'eau. Cette approche consiste à écrire le bilan d'énergie (en régime stationnaire) au niveau de l'interface air-eau d'une surface libre d'eau soumise à un flux d'air chaud et à une radiation incidente. En introduisant le concept de conductance interne, la théorie de l'évaporation de l'eau est convenablement modifiée pour s'adapter au processus de séchage combiné (convectif-radiatif).

Dans ce travail on se propose d'étudier le séchage de produit agroalimentaires à l'air libre et sous serre, et de développer un modèle pour simuler le séchage à conditions variables et non contrôlées. Dans un souci de clarté de notre mémoire, nous l'avons divisé en cinq chapitres.

Le premier chapitre est essentiellement consacré à une analyse bibliographique. Nous donnons tout d'abord, un aperçu sur l'histoire scientifique du séchage depuis les années 20. Une analyse du processus de séchage permettant d'expliquer les phénomènes qui se produisent lors de l'opération de séchage est ensuite présentée. Etant donnée la complexité des phénomènes combinés décrits et la diversité des produits ainsi que les conditions de séchage, nous trouvons nécessaire de présenter les quatre périodes classiques de séchage retrouvées dans les courbes de séchage types. Une analyse des différentes démarches suivies pour prédire l'allure de séchage sera ensuite détaillée. Enfin, nous présentons une étude bibliographique des récents travaux sur le séchage des produits agroalimentaires sous serre et en plein air.

Nous présentons dans le deuxième chapitre les bases théoriques de l'approche *semi-empirique* où le processus de l'évaporation de l'eau est considéré comme une simplification du phénomène de transfert de chaleur et de masse. En introduisant le concept de conductance interne, cette théorie est convenablement modifiée pour s'adapter au processus de séchage combiné (convectif-radiatif).

Le troisième chapitre est consacré à l'étude expérimentale qui est abordée par deux types d'expériences différentes et complémentaires :
- une série de mesures expérimentales réalisées au laboratoire (en soufflerie) avec des conditions constantes pour l'air de séchage et le rayonnement (séchage combiné type convectif-radiatif à conditions constantes).
- une série de mesures expérimentales sous serre et en plein air, où les paramètres de séchage sont en variation continue dans le temps (séchage combiné type convectif-radiatif à conditions variables).

Cette étude est complétée par des essais de séchage, dans un séchoir solaire à vocation agricole de type indirect fabriqué à l'INRST. Les séries d'expériences ont été menées sur trois produits différents qui sont le piment rouge, le raisin et la tomate.

Nous présentons dans le quatrième chapitre les principaux résultats des essais expérimentaux. L'objectif étant de connaître ces cinétiques de séchage avec un maximum de précision et permettre ainsi d'avoir une meilleure compréhension des mécanismes de transfert de chaleur et de masse lors du séchage convectif-radiatif d'une couche mince de produit agroalimentaire.

L'objectif du dernier chapitre est d'appliquer le modèle développé dans le chapitre II pour le séchage du piment rouge et du raisin sous serre, en plein air et dans le séchoir solaire. Il s'agit d'identifier les coefficients de ce modèle à partir des expériences de séchage à conditions constantes, réalisées au laboratoire. Ensuite, les essais de séchage réalisés en plein air, sous serre et dans le séchoir seront utilisés pour valider le modèle établi et adapté aux conditions variables.

Chapitre I

THEORIES DU SECHAGE : ETUDE BIBLIOGRAPHIQUE

I-1 Introduction

Le séchage est une opération unitaire faisant intervenir des transferts couplés de chaleur et de matière entre l'air et le produit. Le comportement de ce dernier lors du séchage est particulièrement caractérisé par la variation de sa température et de sa teneur en eau au cours du temps. La teneur en eau est définie comme étant le rapport entre la masse d'eau contenue dans un élément de volume sur la masse de matière sèche contenue dans ce volume. La complexité des phénomènes mis en jeu a conduit les chercheurs à proposer de nombreuses théories et de multiples formules empiriques pour prédire l'allure de séchage. On distingue, dans la littérature, deux approches différentes :
- Une approche *théorique* où la cinétique de séchage d'un matériau est complètement déterminée à partir de ses propriétés de transport (conductivité thermique, diffusivité thermique, diffusivité de l'humidité et coefficients de transfert de chaleur et de masse) et celles de l'ambiance du séchage ;
- Une approche *empirique* où les équations caractéristiques de séchage décrivent les phénomènes du séchage d'une manière unifiée. Ils ont été utilisés pour estimer la durée de séchage de plusieurs produits et pour rendre les courbes de séchage plus générales.

Ce chapitre présente une revue bibliographique des différentes démarches suivies pour calculer la cinétique de séchage d'un produit. Dans un souci de clarté et compte tenu du très grand nombre de publications parues dans ce domaine, cette étude est présentée comme suit :
Nous donnons tout d'abord, un aperçu sur l'histoire scientifique du séchage depuis les années 20. Une analyse du processus de séchage permettant d'expliquer les phénomènes qui se produisent lors de l'opération de séchage est ensuite présentée. Etant donnée la complexité des phénomènes combinés décrits et la diversité des produits ainsi que les conditions de séchage, nous trouvons nécessaire de présenter les quatre périodes classiques de séchage retrouvées dans les courbes de séchage types. Une analyse des différentes approches pour prédire l'allure de séchage sera ensuite détaillée. Enfin, nous présentons une étude

bibliographique des récents travaux sur le séchage des produits agroalimentaires sous serre et en plein air.

I-2 Aperçu historique :

Le séchage est pratiqué par l'homme depuis fort longtemps de manière empirique. L'histoire scientifique de cette opération a commencée avec le développement de la civilisation industrielle. Dés les années 1920 différents chercheurs, dans leurs publications, ont étudié les mécanismes de séchage, en adoptant différents modèles pour plusieurs variétés de produits.

Se basant sur la lois de diffusion de FICK, Lewis (1921) présente le séchage comme étant la conjugaison de deux processus évaporation et diffusion, et considère ce dernier processus comme le principal mécanisme de déplacement de l'humidité dans un solide au cours du séchage. En 1923, Fischer propose trois relations pour décrire les phases successives de séchage de la laine. La première phase est à vitesse constante, les deux autres sont à décroissance linéaire, la vitesse s'annulant à l'humidité d'équilibre. La diffusion moléculaire de l'eau liquide sous l'effet d'un gradient de concentration est suggérée par Sherwood (1929), qui décrit les phases de séchage avec l'explication des facteurs limitants et met en équation les transferts d'eau et de chaleur. Le coefficient intervenant dans l'équation de FICK (coefficient de diffusion) est considéré constant au cours du séchage. Mac Cready et Mac Cabe (1933) introduisent la notion d'eau libre et d'eau liée et émettent l'hypothèse de front de vaporisation à l'intérieur du produit délimitant les deux types de liens entre l'eau et le produit. Mais c'est à Ceaglske et Hougen (1937) que reviendra le mérite de démontrer clairement les limitations de l'équation de diffusion et le rôle capital joué par la capillarité en étudiant le séchage de solides granulaires (un lit de sable). Ils remarquent que le mouvement de l'eau liquide par diffusion est réservé au domaine hygroscopique « quand l'eau et le solide ne forment plus qu'une seule phase ». En 1938, Kricher a interprété le séchage de plusieurs produits solides granulaires, en supposant que pendant le séchage, l'humidité peut se déplacer sous forme liquide par capillarité et sous forme vapeur sous l'action d'un gradient de concentration de vapeur. Hougen et al. (1940) trouvent une grande différence entre les profils internes de teneur en eau calculés et expérimentaux et font remarquer que les résultats peuvent être améliorés si l'on considère variable le coefficient de diffusion. La variation du coefficient de diffusion est constatée également par King (1945) qui trouve sur la kératine un rapport de 1 à 100 entre les valeurs extrêmes de D dans le domaine des teneurs en eau. Babbit (1950) met en évidence la diffusion de la vapeur d'eau sous l'effet d'un gradient de pression partielle sur une plaque de bois. La notion de migration de l'eau sous l'influence du transfert de chaleur est introduite par Philip et De Vries (1957). Ils ont élaboré une analyse du mécanisme des transferts de chaleur et de masse dans les milieux poreux non saturés. Ils ont formulé sur des bases physiques les équations constitutives pour les densités de flux de liquide et de vapeur en fonction des concentrations volumiques d'eau liquide, de température et l'intensité de la pesanteur. En 1958, Van Meel traite de manière originale le problème du séchage dans l'optique d'une méthodologie de dimensionnement des séchoirs. Il s'agit d'examiner le phénomène de séchage avec une certaine simplicité au niveau macroscopique. En 1962, Cary et Taylor ont utilisé la thermodynamique linéaire des processus irréversibles dans l'optique d'obtenir des équations à partir de l'expression de production d'entropie. En 1966, Luikov établit qu'un thermo-gradient provoque la migration de l'humidité à l'intérieur du matériau. Le système d'équations aux dérivées partielles obtenu exprime les effets du gradient d'humidité et de température dans les équations de bilan. Il introduit un coefficient appelé taux de changement de phase dans l'équation de conservation d'énergie. En 1977, Whitaker établit un système différentiel d'équations régissant les transferts couplés de chaleur, de masse et de quantité de mouvement dans les milieux poreux lors du séchage. Cette méthode a pour conséquence de donner une description macroscopique des équations de transport à l'échelle des pores.

Les systèmes d'équations obtenus par Philip et De Vries (1957), Kricher (1962), Luikov (1966) et Witaker (1977) ont beaucoup de points communs. Les approches théoriques des dernières décennies ont pour objet une description plus fines des phénomènes internes (Luikov, 1975 ; Witaker 1984 ; De Vries, 1987)

I-3 Description des phénomènes mis en jeu

Le séchage est une opération qui consiste à éliminer une quantité de liquide d'un produit, souvent l'eau. L'objectif principal du séchage est de stabiliser le produit par diminution de l'activité de l'eau dans celui-ci. L'étude de la teneur en eau en fonction de l'activité de l'eau, représenté par les isothermes de sorption, est un moyen privilégié de connaissance de la répartition et de l'intensité des liaisons de l'eau, ainsi que sa disponibilité fonctionnelle dans les substances biochimiques et biologiques alimentaires.

Pour une grande gamme des produits agroalimentaires, on classe quatre catégories principale d'eau (voire figure (I-3)) (Multon, 1980). La connaissance de cette courbe de désorption est importante pour déterminer la teneur en eau finale à atteindre pour stabiliser un produit alimentaire donné. Cette courbe a l'éventualité d'avancer des prévisions sur le comportement d'un aliment, au cours d'un traitement ou de son entreposage et connaissant la teneur en eau et la température de la surface du produit, il serait possible grâce à ces courbes, de déterminer l'allure de séchage d'un produit donné.

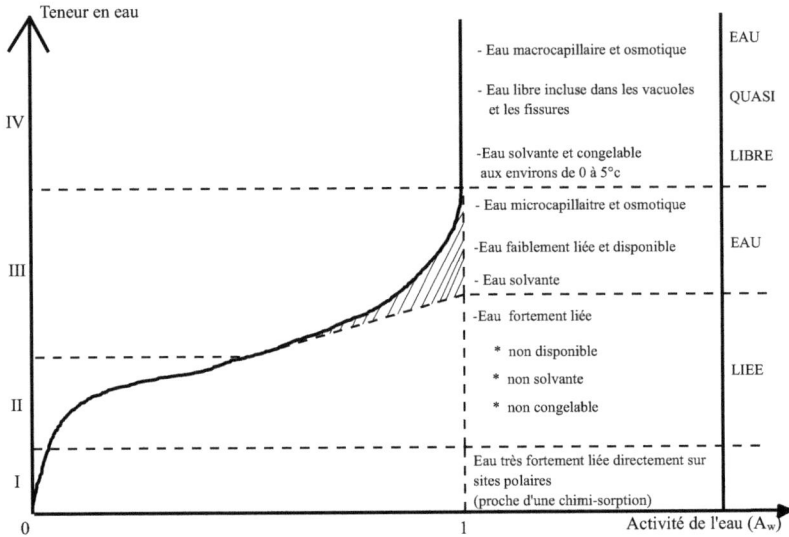

Figure I-3 : Courbe de sorption générale

On distingue différents modes de séchage. Dans le présent travail, nous nous intéressons au séchage par *entraînement* où l'apport de chaleur se fait principalement par convection (à partir de vapeur surchauffée ou à partir d'un gaz (air) vecteur de chaleur) et par rayonnement (par une source lumineuse ; exemple : soleil, lampe, etc.), une petite partie de l'énergie peut être apportée de façon parasite par conduction (par le plateau supportant le produit).

Dans l'analyse du processus de séchage, on distingue les transferts internes (au sein du produit) et les transferts externes (entre la surface du produit et le fluide séchant). Grâce à la différence de température entre le produit et le milieu vecteur de chaleur (air chaud, source lumineuse, surface chauffé au contact du produit) il y a un transfert de chaleur de l'air vers le produit. Simultanément, la différence de pression partielle de vapeur d'eau entre l'air et la surface du produit, détermine un transfert de matière dirigé vers l'air. Ce transfert se fait sous forme de vapeur d'eau, toute ou une partie de la chaleur arrivant au produit est utilisée pour vaporiser l'eau. Ces transferts externes, ayant lieu dans une couche de faible épaisseur autour du produit, provoquent des transferts internes de matière et de chaleur à l'intérieur du produit. La migration de l'humidité à l'intérieur du produit se fait de en deux phases liquide et vapeur. La migration de l'eau liquide de l'intérieur du produit vers sa surface se fait sous les effets conjugués du gradient de concentration, par diffusion selon la loi de FICK suggérée par Sherwood (1929), du gradient de température (Philip et De Vries (1957)), de la capillarité et de la gravitation.

Lorsque la surface du produit est humide, il se produit un phénomène d'évaporation superficielle, qui peut être considérée comme celui d'une nappe d'eau. Il en est ainsi lorsque le transport de l'eau au sein du produit vers sa surface est rapide. Dans le cas contraire, ce transport influe sur la vitesse globale de séchage par les lois de migration de l'humidité à l'intérieure du produit. Si on examine ce qui se passe dans les pores, on constate que tout d'abord, l'eau s'écoule sous forme liquide sous l'action des forces capillaires (Etape 1 ; Figure I-1), mise en évidence par Ceaglske et Hougen (1937). Au début, les pores du produit sont envahis d'eau, mais progressivement des poches d'air apparaissent pour remplacer les pertes d'eau. En effet, l'eau liquide se retire à la périphérie des pores et migre soit par glissement le long des parois capillaires, soit par évaporation et condensation successives (Etape 2). Donc, cette migration est gouvernée par le mécanisme de diffusion de l'eau liquide adsorbée sur les surfaces internes des pores vides (Kricher, 1938). Ensuite, l'eau liquide s'évapore complètement à l'exception du liquide adsorbé, l'humidité se diffuse sous forme de vapeur d'eau (Etape 3). De ce fait, le déplacement de l'eau est régi par le mécanisme de la diffusion de la vapeur sous l'effet d'un gradient de pression partielle de vapeur d'eau et d'un gradient de température (Luikov, 1954). Enfin, le produit est en équilibre hygrothermique avec son environnement. Il y a adsorption et désorption de l'eau. Le transport s'effectue sous forme vapeur.

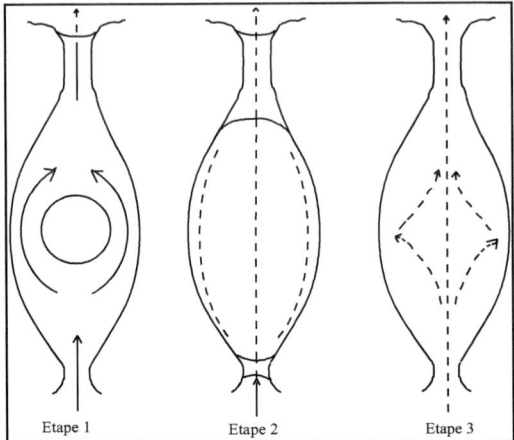

Figure I-1: Mouvement de l'humidité à différentes étapes de séchage
Etape 1 : écoulement capillaire ; Etape 2 : évaporation-condensation ; Etape 3 : flux de vapeur.

Toutefois, les transferts de matière et de chaleur à l'intérieur du produit provoquent des modifications physiques et biochimiques comme la migration de soluté, la réaction ou déformation du produit, des réactions de brunissement non enzymatique, des changements de couleur et d'arôme, etc. (Bimbinet, 1984 ; Fortes et al., 1981).

I-4 Différentes phases de séchage

La Figure I-2 représente les courbes d'évolution types de la teneur en eau du produit, de sa température et de la vitesse de séchage au cours du temps. On distingue quatre périodes qui caractérisent la cinétique de séchage (Kricher, 1965):

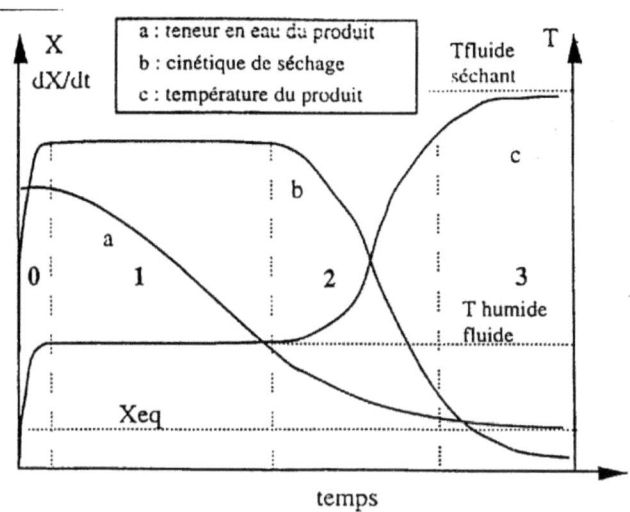

Figure I. 2 : Courbes d'évolution types de la teneur en eau du produit (a), de la vitesse de séchage (b) et de la température (c) en fonction du temps.

I-4-1 Période zéro ou période de mise en température

Au départ, le produit est généralement plus froid que l'air. La pression partielle de vapeur d'eau au niveau du produit est faible. Par conséquent, le transfert de matière et la vitesse de séchage le sont aussi. La chaleur arrivant en excès provoque une élévation de la température du produit, ce qui entraîne l'augmentation de la pression de vapeur d'eau dans le produit et par suite la vitesse de séchage. L'activité de l'eau a la surface du produit étant égale à 1. Ce phénomène se poursuit jusqu'à ce que les transferts de chaleur et de matière s'équilibrent. Cette phase peut être d'autant plus courte que les produits sont minces ou que l'écart de température entre le produit et l'air est faible. Cette phase n'est pas mise en évidence dans le cas de produit très fins ou de petites dimensions pour lesquels, elle peut être très rapide.

I-4-2 Période 1 ou Période de séchage à vitesse constante

Le séchage d'un produit humide commence souvent par une période de vitesse de séchage constante où la surface d'échange est alimentée en continu en eau libre. Cette phase correspond à une décroissance linéaire de la teneur en eau du produit. La quantité d'eau libre disponible étant suffisante puisque la migration d'eau de l'intérieur vers la périphérie remplace régulièrement l'eau évaporée à la surface du produit. Cette période de séchage est décrite comme une période d'évaporation superficielle sous l'effet de l'écart entre la pression de vapeur d'eau dans une couche mince au voisinage du produit et celle de l'humidité dans le courant d'air. Pour cette période de séchage, on peut donc assimiler la vitesse de séchage du produit à celle d'une surface d'eau libre donc indépendante de la nature du produit, mais dépend uniquement des conditions du courant d'air (Va, Ta, HR) ; dans de telles conditions, toute l'énergie apportée par l'air est utilisée pour évaporer la quantité d'eau ; le séchage est dit *isenthalpique*. La température à la surface du produit reste constante (égale à la température humide de l'air) et la vitesse de séchage est maximale car l'activité d'eau du produit en surface est toujours égale à 1. Cette période de séchage est le plus souvent absente dans le cas des produits biologiques (Bimbinet, 1984).

I-4-3 Période 2 ou Période de séchage à vitesse décroissante

A partir d'une certaine teneur en eau du produit appelée teneur en eau critique (X_{cr}), l'activité de l'eau a la surface du produit va commencer à diminuer et, en conséquence, la vitesse de séchage, le transfert de chaleur n'étant plus compensé, la température du produit augmente et tend asymptotiquement vers la température de l'air, dans le cas d'un séchage purement convectif ; dans le cas d'un séchage combiné convectif-radiatif, la température du produit peut dépasser celle de l'air. Au cours de cette période, il n'y a plus d'eau libre à la surface du produit. Les forces capillaires freinent la migration de l'eau vers la surface. La vitesse de transport de l'eau vers la surface devient inférieure à la vitesse globale d'évaporation

I-4-4 Période 3 ou période hygroscopique

La vitesse de séchage présente un point d'inflexion au-delà duquel elle décroît très rapidement jusqu'à s'annuler au point X_{eq} (teneur en eau à l'équilibre du produit avec l'air qui peut être déduite d'une courbe de sorption du produit). Ainsi au cours de cette phase, la vaporisation ne se fait plus à la surface, celle-ci étant trop sèche pour que l'eau y arrive à l'état liquide. Il ne reste plus dans le matériau que de l'eau liée qui est évacuée très lentement (diffusion-sorption), d'où l'apparition d'un front de vaporisation pénétrant dans le produit et marquant la limite entre les zones de migration sous forme liquide et de migration sous forme vapeur. C'est la période où l'humidité d'équilibre est atteinte asymptotiquement.

I-4-5 Diversité des courbes de séchage

Van Brackel (1980) a rassemblé et classé en douze catégories un grand nombre de courbes d'allures de séchage expérimentales publiées dans la littérature. Ce travail illustre la diversité de la forme des courbes de séchage (voir figure (I.2)) par rapport au cas type pour le séchage convectif pour l'air à basse température.

Aucune des courbes ne présente de période de mise en température. Ce phénomène ne peut être mis en évidence que dans le cas où l'écart entre la température initiale du produit et la température du thermomètre humide serait suffisamment grande. Pour les catégories I à VII et XII, qui concernant surtout des produits non biologiques, on observe généralement une première période bien marquée.

Cependant, il est bien rare que la vitesse de séchage soit rigoureusement constante ; Van Brackel (1980) indique que les phénomènes de surface entraînent une légère diminution de l'allure de séchage pendant cette période.

Les catégories VIII à XI concernant le séchage des produits biologiques, la première période est beaucoup plus courte que celle indiquée par la catégorie V. Sherwood (1929), décrit le séchage du merlan, la période 1 est beaucoup plus courte que celle indiquée par la catégorie V. D'autres auteurs (Saravacos et Charm, 1962, Fornell, Binbinet et Alin, 1980) indiquent de courte périodes 1 pour des produits alimentaires mais la température du produit évolue, de sa température initiale à la température de l'air, sans se stabiliser à la température du thermomètre humide. En effet, la variation de la pression de vapeur d'eau à la surface du produit tend à diminuer car la migration interne de l'eau est faible, mais elle a tendance à augmenter puisque la température du produit s'élève.

La période de séchage à allure décroissante est parfois divisée en deux ou trois périodes. Toutefois, pour les produits agricoles et alimentaires, il est bien difficile de déceler des cassures bien nettes sur les courbes expérimentales de séchage.

La transition de la période 1 à la période 2 est généralement peu nette et la détermination de la teneur en eau critique en ce point est délicate. D'autre part, la teneur en eau critique varie suivant la nature du matériau, son épaisseur et la vitesse de séchage initiale qui dépend des conditions de séchage.

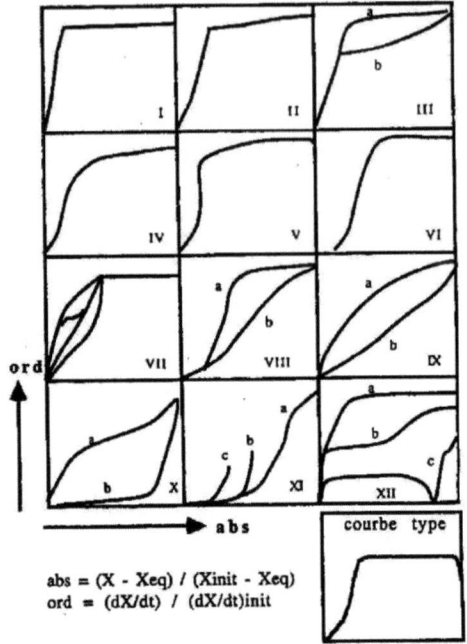

Figure I.1 : Description des cinétiques de séchage, d'après Van Brakel

$abs = (X - Xeq) / (Xinit - Xeq)$
$ord = (dX/dt) / (dX/dt)init$

I	Lit de billes de verre, de sable, d'argile.	IX	a- Papier, laine, stéarate d'aluminium ; b- Pomme de terre, tapioca, farine.
II	Calcaire, silica-gel.		
III	Liquide organique dans un lit de billes de verre.	X	a- Pain de seigle, levures.; b- Beurre, margarine.
IV	Lit de billes de polystyrène ou de verre.	XI	a- Graines de froment ; b- et c- reprise du séchage
V	Sable, mélange d'argiles, plastique, merlan		
VI	Tamis moléculaire.	XII	Calcaire imprégné a- d'eau, b- d'eau salée, c- tuiles
VII	Silicate d'alumine pour diverses températures de l'air ;		
VIII	Bois.		

Figure I-3 : Description des cinétiques de séchage, d'après Van Brakel

I-5 Prévision des cinétiques de séchage

I-5-1 Approche *théorique*

C'est une démarche dans laquelle les équations de séchage, et par conséquent le calcul de la cinétique de séchage, sont établis à partir de la connaissance des phénomènes physiques internes (capillarité, diffusion, diffusion-sorption). D'une manière générale, les modèles dans lesquels les transferts de chaleur et de matière figurent, sont compliqués ; leur résolution demande des moyens de calcul importants surtout lorsque l'on considère la variation des coefficients de diffusion de matière avec la température et la teneur en eau. De plus, si on prend en compte la déformation du produit et son hétérogénéité, on accroîtrait encore la difficulté. Enfin, la rigueur voudrait que les coefficients des équations soient déterminés par des expériences indépendantes des essais de séchage, celles-ci sont longues et délicates pour des produits simples comme le sable et semblent être irréalisables pour les produits agricoles et alimentaires.

Ces difficultés ont conduit certains auteurs à construire des modèles simplifiés de séchage, puisque le transfert de chaleur peut être évalué globalement. Ces auteurs se sont placés dans des conditions de séchage isothermes et ont résolu numériquement l'équation de diffusion pour différentes lois de variation de la diffusivité de l'eau avec la teneur en eau.

D'autres auteurs ont utilisé la solution analytique de l'équation de diffusion (tableau I-1), pour différentes formes géométriques et moyennant certaines hypothèses simplificatrices. Il semble bien que la simplicité de l'équation est la principale raison de son emploi (Kechaou ; 2000).

Forme géométrique	Modèle
Plaque	$XR = \dfrac{X(t)-X_{eq}}{X_0-X_{eq}} = \dfrac{8}{\pi^2} \sum_{n=0}^{\infty} \dfrac{1}{(2n+1)^2} \exp(-D_{eff}(2n+1)^2 \dfrac{\pi^2}{l^2} \cdot t)$
Sphère	$XR = \dfrac{X(t)-X_{eq}}{X_0-X_{eq}} = \dfrac{6}{\pi^2} \sum_{n=1}^{\infty} \dfrac{1}{n^2} \exp(-D_{eff} n^2 \dfrac{\pi^2}{R^2} t)$
Cylindre	$XR = \dfrac{X(t)-X_{eq}}{X_0-X_{eq}} = \sum_{n=1}^{\infty} \dfrac{4}{R^2 \alpha_n^2} \exp(-D_{eff} \alpha_n^2 t)$

Tableau I-1 : Solution analytique de l'équation de diffusion pour différentes formes géométriques

Où :

D_{eff} : est le coefficient de diffusion représentant « la diffusivité effective » qui englobe l'effet de tous les phénomènes pouvant intervenir sur la migration de l'eau, sa valeur est toujours obtenue par ajustement des courbes expérimentales,

XR : teneur en eau réduite,

X_0 : teneur en eau initiale du produit,

l : est l'épaisseur de la plaque,

R : est le rayon de la sphère ou du cylindre,

α_n : est la racine positive de la fonction de Bessel $J_0(R\alpha_n)$

En général, les modèles utilisant les équations dans tableau I-1 se limitent au premier terme de la suite.

Devant l'impossibilité de retrouver les résultats expérimentaux, certains auteurs ont compliqué ces modèles en introduisant une diffusivité variable avec la teneur en eau. D'autres auteurs ont calculé les solutions analytiques du système d'équations établi par la théorie traitant les transferts internes simultanés de chaleur et de masse pour de nombreuses conditions aux limites et initiales soit pour des coefficients de transfert constants ou variables. Cependant, et dans la plupart des cas, le coefficient de diffusion de l'eau, considéré comme une fonction de la température et/ou de la teneur en eau, est toujours obtenu par ajustement des courbes expérimentales de séchage. Ce coefficient prend en compte l'ensemble des phénomènes physiques qui interviennent au cours du séchage, y compris la déformation du produit. Pour les produits biologiques, le transfert interne de chaleur se fait facilement, ce qui permet de faire l'hypothèse d'un profil plat de température et d'évaluer globalement le transfert de chaleur.

Différents modèles mathématiques du coefficient de diffusion ont été proposés dans la littérature que ce soit pour le cas de séchage de produits agroalimentaires ou autres. Le tableau I-2 regroupe quelques relations empiriques du coefficient de diffusion fonction de la teneur en eau et de la température utilisé dans les modèles mathématiques de séchage pour certains produits agricoles et alimentaires.

N°	Modèle paramétrique	Produit	Références
1	$D(X,T) = a_0 \exp(a_1 V_{air}^{0,5} + a_2) \exp(-\frac{a_3}{T})$	tomate	Hawlader et al. (1991)
2	$D(X,T) = a_0 \exp(-\frac{a_1 + a_2 X}{1 + a_3 X}) \exp(-\frac{a_4 + a_5 \exp(-a_6 X)}{T})$	banane	Kechaou et Maalej (1994)
3	$D(X,T) = a_0 \exp(-\frac{a_1}{X}) \exp(-\frac{a_2}{T})$	Oignon, piment vert, pomme de terre, carotte oignon	Kiranoudis et al. (1992 a, 1992 b, 1995) Lewicki et al. (1998)
4	$D(X,T) = a_0 X_0 \exp((a_1 T - a_2)X) \exp(-\frac{a_3}{T})$	mais	Mourad et al. (1996)
5	$D(X,T) = a_0 \exp(-(a_1 T_{air} + a_2)X) \exp(-\frac{a_3}{T})$	raisin	Azzouz (1999)
6	$D(X,T) = a_0 \exp(-\frac{a_1}{T}(\frac{a_2 + \frac{1}{X}}{a_3 + \frac{T_{air} - T}{X_0}}))$	datte	Kechaou et Maalej (1999b, 2000a)

T, X_0 : température, teneur en eau initiale du produit
T_{air}, V_{air} : température, vitesse de l'air séchant
a_i : paramètres du modèle

Tableau I-2 : Revue de quelques relations empiriques du coefficient de diffusion fonction de la teneur en eau et de la température de certains produits agroalimentaires.

I-5-2 Approche *empirique*

C'est une approche dans laquelle la loi de séchage est tirée directement d'expériences de séchage réalisées au laboratoire. L'idée généralement retenue de cette méthode *empirique* fondée sur l'analyse simplifiée des phénomènes, en se basant sur des essais de laboratoire les plus simples à réaliser (quelques cinétiques de séchage dans des conditions variées maintenues constantes dans chaque expérience), est d'exploiter profondément les résultats expérimentaux dans le but de caractériser le séchage d'un produit. Dans cette approche, on est tenté souvent de réduire l'ensemble des données expérimentales de manière à pouvoir le mettre sous forme utilisable par l'ensemble de la communauté scientifique : *courbe caractéristique de séchage (CCS), équation caractéristique de séchage (ECS)*. Une alternative peut être la définition de coefficient de diffusion apparents.

Toutefois, le passage de l'approche *théorique* à l'approche *empirique* conduit à une perte d'information, ou tout au moins à une modification de l'information nécessaire à la description du séchage. L'approche *empirique* ne permet pas de connaître l'évolution des profiles internes de la teneur en eau, ni de la température, d'où l'incapacité d'expliquer les phénomènes interne qui se produisent dans le matériau au cours de l'opération de séchage.

I-5-2-1 Les Equations caractéristiques de séchage (où Formules empiriques)

Ces formules mettent sous une forme mathématique les courbes expérimentales de séchage. Elles contiennent toujours des constantes qui sont ajustées pour faire concorder les résultats calculés avec les courbes expérimentales. Elles expriment soit l'évolution de la teneur en eau du produits au cours du séchage ($X = f(t)$) soit l'allure de séchage en fonction du temps ou de la teneur en eau ($f(t) = -\dfrac{dX}{dt}$ ou $f(X) = -\dfrac{dX}{dt}$). Ces deux dernières expressions peuvent être calculées en dérivant la première.

Fortes et Okos (1980) ont montré que l'équation de diffusion est très utilisée bien que celle-ci soit incomplète pour représenter tous les phénomènes intervenant au cours du séchage, et ce grâce à la formule exponentielle de sa solution qui permet de bien ajuster les cinétiques de séchage. Utilisant cet avantage, la plupart des équations empiriques vont dériver de l'équation de diffusion et se présenteront sous forme d'exponentielle (voir tableau I-3).

La littérature est très riche en corrélations pour décrire la cinétique de séchage des produits agro-alimentaires. Ces lois empiriques ont été proposées pour une estimation rapide de la cinétique de séchage et certaines de ces formules ont été utilisées pour la commande des séchoirs.

Modèle	Nom du modèle
XR=exp(-kt)	Newton
XR=exp(-kt^n)	Page
XR=exp(-(kt)^n)	Page modifié
XR=a exp(-kt)	Henderson et Pabis
XR=a exp(-kt)+c	Logarithmique
XR=a exp(-k$_0$t)+b exp(-k$_1$t)	Deux termes
XR=a exp(-kt)+(1-a) exp(-kat)	Deux termes en exponentielles
XR=1+at+bt^2	Wang et Sing
a, b, c, k$_0$, k$_1$ et k sont des coefficients qui s'expriment en fonction des conditions opératoires de séchage	

Tableau I-3 : Revue de quelques formules empiriques pour décrire la cinétique de séchage des produits agroalimentaires.

I-5-2-2 Les courbes caractéristiques de séchage

Le concept de courbe caractéristique de séchage repose sur l'idée qui consiste au moyen d'une normalisation convenable des résultats expérimentaux d'aboutir par un changement de variable astucieux à une courbe « caractéristique » unique pour chaque produit. Ce concept a été proposé par Van Meel en 1957. Il consiste de transformer les ordonnées et les abscisses pour rassembler toutes les courbes expérimentales sur une seule courbe de base. La teneur en eau normée par (X$_{cr}$ - X$_e$) est exprimée par la teneur en eau caractéristique $\phi = \dfrac{X - X_{eq}}{X_{Cr} - X_{eq}}$ et la vitesse de séchage ($-\dfrac{dX}{dt}$) est transformée en vitesse réduite f(ϕ) par rapport à la valeur observée durant la période à vitesse constante $(-\dfrac{dX}{dt})_I$:

$$f(\phi) = \dfrac{\dfrac{dX}{dt}}{\left(\dfrac{dX}{dt}\right)_I}$$

Pour une gamme raisonnable de conditions expérimentales constantes durant le séchage (température, vitesse, humidité du fluide séchant, dimension du produit à sécher) on peut espérer que la relation f(ϕ) vérifiant les propriétés suivantes :

$\phi \geq 1$ f(ϕ) =1

0< ϕ <1   0< f(ϕ) <1

ϕ =1   f(ϕ) =0

soit sensiblement unique.

La valeur de la vitesse de séchage en première phase $(-\frac{dX}{dt})_I$, ne dépend que des transferts externes, est donc théoriquement déductible d'un simple calcul d'aérothermique, qui explique l'intérêt d'un tel concept. Cependant, dans le cas de séchage de produits biologiques où la période à vitesse constante est le plus souvent absente, les auteurs proposent une méthode expérimentale utilisant non $(-\frac{dX}{dt})_I$ qu'on ne peut évaluer, mais plus simplement les caractéristiques de l'air de séchage qui aurait déterminé l'allure de séchage $(-\frac{dX}{dt})_I$, si elle existait.

Certains auteurs ont observé un bon regroupement des courbes d'allure de séchage avec ce type de transformation ou d'autres, (Desmorieux et Moyne, 1992) pour des morceaux de banane et de mangue ; Ratti et Crapiste (1992) pour les petites disques de pomme de terre ; Belhamidi et al (1993) pour les rondelles de peau d'orange et des petits cubes de pulpe de betterave et Kechaou et al. (1993) établie une autre relation empirique pour la banane ; Bouaziz, (1993) pour la carotte ; Fotso et al.(1994) pour des graines de cacao; Daud et al. (1996a) pour les grains de riz non décortiqué ; Daud et al. (1996b) pour les grains de cacao ; Kechaou et al. (1996) pour la datte variété Deglet Nour.

D'autres, au contraire, signalent que les courbes ne se rassemblent pas pour certains produits et que cette dispersion est d'autant plus importante que la variation des propriétés de l'air au cours des expérimentations est grande. Ainsi, le groupement des courbes n'est pas observé pour le bois, Fornell (1979) pour le persil, Salgado (1988) pour la pulpe de betterave. De ce fait, il faut bien considérer le concept de courbe caractéristique comme une tentative expérimentale qui permet de présenter un ensemble de résultats sous une forme particulièrement harmonieuse et réduite (Kechaou, 2000).

I-6 Séchage sous serre et en plein air

Au cours de ces dernières années, le séchage sous serre et en plein air a retenu l'attention de plusieurs chercheurs. Les différentes démarches présentées au paragraphe I-5 (*théoriques* et *empirique*) ont été suivies pour étudier le séchage des produits agroalimentaires sous serre et en plein air, où les paramètres de séchage sont en variation continue dans le temps (conditions non contrôlées).

Ratti & Mujundar (1997) ont développé un modèle basé sur le phénomène de la diffusion de l'eau régie par la loi de Fick et un code de simulation d'un séchoir solaire, utilisant le bilan de chaleur et de masse, appliqué au solide et à la phases gazeuse où les conditions de l'air sont variables au cours du temps. Les résultats numériques concordent bien avec les résultats expérimentaux. Bouaziz (2000) a développé un modèle dynamique à compartiments de séchage en couche mince pour la carotte. Bennamoun & Belhamri (2006) ont étudié le comportement des cinétiques de séchage du raisin sans pépins dans le cas où les conditions externes sont variables. Ils ont déterminé les paramètres les plus influents pour optimiser le processus de séchage. Jain & Tiwari (2004a) ont évalué le coefficient de transfert de chaleur en fonction du temps lors du séchage du chou et du pois en plein air sous convection naturelle et dans une serre sous convection naturelle et forcée. Trois modèles mathématiques simples de l'ambiance de séchage ont été développés pour prédire la température du produit, la température de l'air dans la serre et la teneur en eau du produit (Jain & Tiwari, 2004b).

Togrul & Pehlivan (2004) ont étudié l'applicabilité de plusieurs modèles de couche mince sur le processus de séchage de raisins, de pêches, de figues et de prunes en plein air sous le soleil. Sacilik, Keskin & Elicin (2005) ont étudié les caractéristiques du séchage d'une couche mince de tomate dans une serre tunnel sous les conditions climatiques d'Ankara.

Passamia & Saravia (1997a et 1997b) ont développé un modèle du séchage phénoménologique de variété du piment rouge "Morron". En introduisant un concept de conductance interne, ils ont modifié l'équation de l'évaporation de l'eau pour l'adapter au processus du séchage. Les expériences de séchage au laboratoire et à l'air libre ont été effectuées pour valider le modèle et les résultats de la simulation ont été présentés. Farhat et al.(2004) ont validé le modèle Passamia & Saravia (1997) sur le piment rouge type « baklouti » sous serre tunnel et en plein air.

Chapitre II

ETUDE THEORIQUE

II-1 Introduction

Le séchage sous serre et en plein air est une opération faisant intervenir des phénomènes complexes de transferts couplés de chaleur et de matière entre l'air et le produit. Cette complexité est accentuée par les propriétés de l'air de séchage et du rayonnement incident qui sont variables au cours du temps. L'approche *semi empirique* peut être utilisée pour étudier ce type de séchage. Nous présentons dans ce chapitre les bases théoriques de cette approche où le processus de l'évaporation de l'eau est considéré comme une simplification du phénomène de transfert de chaleur et de masse. En introduisant le concept de conductance interne, cette théorie est convenablement modifiée pour s'adapter au processus de séchage combiné (convectif-radiatif).

II-2 Quelques notions fondamentales

II-2-1 Humidité relative de l'air : Degré hygrométrique

L'humidité relative de l'air indique la capacité de cet air à se charger en eau. On définit l'humidité relative comme le rapport de la masse volumique de la vapeur d'eau (ρ_v) par la masse volumique de la vapeur saturée ($\rho_{v,s}$).

$$H_r = \frac{\rho_v}{\rho_{v,s}} \quad (II.1)$$

En assimilant la vapeur d'eau à un gaz parfait on a :

$$\rho_v = \frac{P_v}{RT} M \quad (II.2)$$

Où :

M : Masse moléculaire de la vapeur d'eau ;

P_v : Pression de la vapeur d'eau dans l'air ;

D'autre part on a :

$$\rho_{v,s} = \frac{P_{v,s}}{RT} M_{vs} \quad (II.3)$$

M_{vs} : masse moléculaire de la vapeur saturée ;

$P_{v,s}$: Pression de la vapeur d'eau à la saturation ;

Puisque $M \cong M_{vs}$ il s'ensuit que :

$$H_r = \frac{P_v}{P_{v,s}} \qquad (II.4)$$

II-2-2 Humidité absolue de l'air

L'humidité absolue d'un mélange air-vapeur d'eau est le rapport de la masse volumique de la vapeur par celle de l'air sec ($\rho_{a,s}$).

$$H_a = \frac{\rho_v}{\rho_{a,s}} \qquad (II.5)$$

D'où :

$$H_a = \frac{\rho_v}{\rho - \rho_v} \qquad (II.6)$$

ρ : Masse volumique du mélange air sec et vapeur d'eau ;

La loi des gaz parfaits permet d'écrire l'humidité absolue de l'air en fonction de la pression ;

$$H_a = \frac{M P_v}{M_{a,s} P_{a,s}} \qquad (II.7)$$

$M_{a,s}$: masse moléculaire de l'air sec ;

$P_{a,s}$: pression de l'air sec ;

D'où

$$H_a = 0{,}622 \frac{P_v}{P_{a,s}} = 0{,}622 \frac{P_v}{P - P_v} \qquad (II.8)$$

P_a : la pression du mélange air sec et vapeur d'eau ;

Utilisant les relations (II.6) et (II.7) on écrit :

$$\rho_v = 0{,}622 \frac{\rho - \rho_v}{P_a - P_v} P_v \qquad (II.9)$$

Puisque P_a est 100 fois supérieur à P_v, on simplifie l'équation (II.9) :

$$\rho_v \approx 0{,}622 \frac{\rho P_v}{P_a} \qquad (II.10)$$

II-2-3 Teneur en eau d'un corps humide

On peut définir l'humidité d'un produit en base sèche comme étant le quotient de la masse d'eau (m_{eau}) par la masse de matière sèche (m_S).

$$X = \frac{m_{eau}}{m_S} = \frac{m - m_S}{m_S} \qquad (II.11)$$

Où :

m est la masse du produit ;

$X = \dfrac{m - m_S}{m_S}$: teneur en eau à base sèche du produit ;

m_S : c'est la masse obtenue d'un échantillon placé dans une étuve à une température de 120 °C pendant 12 heures,

On définit la teneur en eau réduite XR par la relation suivante :

$$XR = \frac{X(t) - X_{eq}}{X_0 - X_{eq}} \qquad (II.12)$$

Où :

X_0 : teneur en eau initiale du produit

$X(t)$: teneur en eau du produit à l'instant t

II-2-4 La vitesse de séchage

On peut déterminer la vitesse de séchage $(-\dfrac{dX}{dt})$ de deux façons différentes :

- soit on utilise les vitesse de séchage expérimentales d'une fine couche de produit en recherchant une corrélation qui donne directement l'évolution de la teneur en eau en fonction du temps et des caractéristiques de l'air asséchant.
- soit on se donne un modèle logique de transfert d'humidité entre le produit et l'air les résultats expérimentaux servant à racler le modèle.

II-2-5 Activité de l'eau dans le produit

L'activité de l'eau, A_w, est un paramètre thermodynamique qui se définit par rapport au potentiel chimique de l'eau :

$$\mu_{(P,T)} - \mu'_{(P,T)} = RT \, Ln(A_W) \qquad (II.13)$$

Où μ est le potentiel chimique de l'eau dans le produit à la température T et à la pression P, μ' celui de l'eau pure à la même température T et à la même pression P, R est la constante des gaz parfaits.

Pour les faibles pressions de vapeur d'eau considérée comme étant un gaz parfait, l'activité de l'eau dans le corps humide, pour une température et une humidité relative données et par rapport à l'eau pure prise comme état de référence, s'identifier par la relation :

$$A_W = \frac{P_{vp}}{P_{v,s}} \qquad (II.14)$$

Avec :

P_{vp} : pression de vapeur à la surface du corps ;

$P_{v,s}$: pression de vapeur saturante de l'air lorsque l'air environnant est en équilibre avec le produit ;

A l'équilibre nous avons $P_{vp} = P_v$ d'où $A_w = H_r$. Donc, l'activité de l'eau est égale à l'humidité relative de l'air.

II-2-5 Flux de masse

Le taux de séchage, J, est défini comme la quantité d'humidité extraite de la matière à sécher par unité de temps et par unité de surface du produit :

$$J = -\frac{m}{A_P} \frac{dX}{dt} \qquad (II.15)$$

II-3 Fondements théoriques : (Approche semi-emperique)

L'idée principale de cette démarche repose sur l'analogie entre le processus de l'évaporation de l'eau à partir d'une surface libre et les phénomènes de transfert de chaleur et de masse produit lors du séchage d'un matériau. Dans les deux cas ces deux processus provoquent le passage de la vapeur d'eau du produit vers l'extérieur.

Considérons un flux d'air chaud en mouvement au-dessus d'une surface libre d'eau. La densité de flux de masse d'eau évaporée s'écrit :

$$J = \frac{M\,h_m}{R}\left(\frac{P_{s,w}}{T_W} - \frac{P_v}{T}\right) \qquad (\text{II.16})$$

Où :

$P_{s,w}$: Pression de la vapeur saturante à la surface de l'eau

P_v : Pression partielle de la vapeur d'eau dans l'air

T : Température de l'air,
T_W : Température à la surface libre de l'eau

Puisque la température à la surface libre de l'eau est voisine de la température de l'air, on peut utiliser l'approximation de Taylor, on a alors :

$$\frac{P_{s,w}}{T_W} = \frac{P_{s,a}}{T} + (T_W - T)\frac{\partial}{\partial T}\left(\frac{P_s}{T_W}\right)_T \qquad (\text{II.17})$$

Où :

$P_{s,a}$: Pression saturante de la vapeur d'eau dans l'air

P_s : Pression saturante de la vapeur d'eau

D'autre part on a :

$$\frac{\partial}{\partial T}\left(\frac{P_s}{T_W}\right)_T = \frac{1}{T}\frac{\partial P_s}{\partial T} - \frac{P_{s,a}}{T^2} \qquad (\text{II.18})$$

Soit :

$$\frac{\partial}{\partial T}\left(\frac{P_s}{T_W}\right)_T = \frac{1}{T}\left(\frac{dP_s}{dT}\right)_T - \frac{P_{s,a}}{T^2} \qquad (\text{II.19})$$

En assimilant la vapeur d'eau à un gaz parfait, la formule connue de Clausius-Clapeyron donne :

$$\left(\frac{dP_s}{dT}\right)_T = \frac{L_v}{T(V_g - V_l)} = \frac{ML_v}{RT^2}P_{s,a} \qquad (\text{II.20})$$

Soit :

$$\frac{1}{T}\left(\frac{dP_s}{dT}\right)_T = \frac{ML_v P_{s,a}}{RT^3} \qquad (\text{II.21})$$

L_v : Chaleur latente de vaporisation de l'eau

En remplaçant $\left(\frac{dP_s}{dT}\right)_T$ dans l'équation (II.19), on obtient :

$$\frac{\partial}{\partial T}(\frac{P_s}{T_W})_T = \frac{ML_v P_{s,a}}{RT^3} - \frac{P_{s,a}}{T^3} = \frac{P_{s,a}}{T^2}\left(\frac{ML_v}{RT} - 1\right) \qquad (II.22)$$

En remplaçant $\frac{\partial}{\partial T}(\frac{P_s}{T_W})_T$ dans l'équation (II.17), on obtient :

$$\frac{P_{s,W}}{T_W} = \frac{P_{s,a}}{T} + (T_W - T)\frac{P_{s,a}}{T^2}(\frac{ML_v}{RT} - 1) \qquad (II.23)$$

En combinant les équations (II.16) et (II.23), la densité de flux de masse d'eau évaporée s'écrit :

$$J = \frac{Mh_m}{R}\left(\frac{P_{s,a}}{T} - \frac{P_v}{T}\right) + \frac{Mh_m}{R}(T_W - T)\frac{P_{s,a}}{T^2}(\frac{Ml_v}{RT} - 1) \qquad (II.24)$$

Soit :

$$J = \frac{Mh_m}{RT}(P_{s,a} - P_v) + \frac{Mh_m}{R}\frac{P_v}{T^2}(\frac{Ml_v}{RT} - 1)(T_W - T) \qquad (II.25)$$

Ceci est de la forme :

$$J = A(P_{s,a} - P_v) + B(T_W - T) \qquad (II.26)$$

où :

$$A = \frac{Mh_m}{RT} \quad \text{et} \quad B = \frac{Mh_m P_{s,a}}{RT^2}(\frac{ML_v}{RT} - 1)$$

Si la masse d'eau est soumise à une radiation incidente, G. Le bilan d'énergie s'écrit :

$$G - Q = L_v J \qquad (II.27)$$

Où

$Q = h(T_W - T)$: densité de flux de chaleur échangé par convection,

G : rayonnement incident (W/m^2)

h : représente le coefficient global de transfert de chaleur par convection

D'après la relation (II.27) on a :

$$G + h(T - T_W) = L_v J \Rightarrow (T_W - T) = \frac{G - L_v J}{h} \qquad (II.28)$$

Utilisant les relations (II.26) et (II.28) la densité de flux de masse évaporée s'écrit :

$$J = A(P_{s,a} - P_v) + \frac{B}{h}(G - L_v J) \qquad (II.29)$$

Soit :

$$J = \left(\frac{A}{1+\frac{BL_v}{h}}\right)(P_{s,a} - P_v) + \left(\frac{B}{h+BL_v}\right)G \qquad (II.30)$$

Ceci est de la forme :

$$J = C(P_{s,a} - P_v) + DG \qquad (II.31)$$

Avec :
$$C = \frac{Ah}{h+BL_v} \qquad (II.32)$$

et
$$D = \frac{B}{h+BL_v} \qquad (II.33)$$

Dans le cas de la couche limite laminaire sur une surface plane, on caractérise souvent le rapport du transfert de chaleur à celui de masse en introduisant la fonction de LEWIS, F(Le), définie par :

$$F(L_e) = \frac{h}{h_m \rho C_p} = \left(\frac{S_c}{P_r}\right)^{2/3} \qquad (II.34)$$

P_r : Nombre de Prandtl

S_c : Nombre de Shmidt

C_p : Chaleur massique de l'air

h_m : le coefficient global de transfert de masse

Pour les relations (II.32) et (II.33) l'utilisation de la fonction de LEWIS permet d'obtenir :

$$C = \frac{\frac{Mh_m}{RT}}{1 + \frac{ML_v P_{s,a}}{\rho C_p RT^2}\left(\frac{ML_v}{RT} - 1\right)\left(\frac{P_r}{S_c}\right)^{2/3}} \qquad (II.35)$$

et

$$D = \frac{1}{L_v + \frac{\rho C_p RT^2}{MP_{s,a}\left(\frac{ML_v}{RT} - 1\right)}\left(\frac{S_c}{P_r}\right)^{2/3}} \qquad (II.36)$$

En modifiant les coefficients C et D, la relation (II.31) peut être généralisé pour estimer les pertes en eau lors du séchage combiné de type convectif -radiatif. Ainsi l'équation de la cinétique de séchage du piment rouge et de raisin s'écrit :

$$J = -\frac{m_s}{A}\frac{dX}{dt} = C(P_{s,a} - P_v) + DG \qquad (II.37)$$

Les coefficients C et D définissent des conductances au transfert de masse. C exprime la conductance globale de transfert de masse et D un coefficient qui est dû au rayonnement incident (Passamia et Saravia, (1997a), (1997b)). L'équation (II.37) montre que les coefficients C et D prennent en compte l'effet de la déformation du produit et ne dépend que de la teneur en eau X, la température et de la vitesse de l'air séchant. Cette dépendance sera déterminée expérimentalement dans le chapitre (IV).

Cas particulier et ordre de grandeur

Pour la vapeur d'eau et dans le cas où T voisine de 315°K on aurait $ML_v \gg RT_\infty$ ($\frac{ML_v}{RT} = \frac{18 \times 2450}{8,32 \times 315} = 17$) d'où :

$$C = \frac{\dfrac{Mh_m}{RT}}{1 + \dfrac{M^2 L_v^2 P_{s,a}}{\rho C_p R^2 T^3}\left(\dfrac{P_r}{S_c}\right)^{2/3}}$$

et

$$D = \frac{1/L_v}{L_v + \dfrac{\rho C_p R^2 T^3}{M^2 L_v^2 P_{s,a}}\left(\dfrac{S_c}{P_r}\right)^{2/3}}$$

Dans ces conditions et dans le cas de l'air l'hypothèse de LEWIS consiste à poser que :

$$F(L_e) = 1$$

Dans ce cas les formes approchées de C et D deviennent :

$$C = \frac{\dfrac{Mh_m}{RT}}{1 + \dfrac{M^2 L_v^2 P_{s,a}}{\rho C_p R^2 T^3}}$$

et

$$D = \frac{1/L_v}{L_v + \dfrac{\rho C_p R^2 T^3}{M^2 L_v^2 P_{s,a}}}$$

En utilisant les propriétés de l'air :

$C_P = 10^3$ J.kg^{-1}

$\rho = 1,2$ kg.m^{-3}

Et si on prend pour un ordre de grandeur :
T=315°K ; $h_m \approx 10^{-2}$ m.s^{-1}, $P_{s,a}$=0.042 10^5 Pa et L_v=2430.10^3 J

On trouve :

$C_{eau} = 6.10^{-8}$ s.m^{-1}

et

$D_{eau} = 6,85.10^{-8}$ s^2.m^{-2}

Chapitre III

MATERIELS ET METHODES

III-1 Introduction

Notre étude expérimentale est abordée par deux types d'expériences différentes et complémentaires :
- une série de mesures expérimentales au laboratoire en (soufflerie) permet d'avoir une meilleure compréhension des mécanismes de transfert de chaleur et de masse lors du séchage convectif -radiatif d'une couche mince de produit agroalimentaire (une couche mince est une couche de produit suffisamment fine pour que l'on puisse considérer que les caractéristiques de l'air en tout point de la couche restent constantes) ;
- une série de mesures expérimentales sous serre et en plein air, où les paramètres de séchage sont en variation continue dans le temps.

Cette étude est complétée par des essais de séchage, dans un séchoir solaire à vocation agricole de type indirect fabriqué à l'INRST.

Les séries d'expériences ont été menées sur trois produits différents qui sont le piment rouge, le raisin et la tomate, leurs variétés, leurs critères de valorisation et leurs caractères généraux sont exposés dans l'annexe 1. Les raisons de ce choix sont essentiellement :
- une grande production locale, les tableaux de l'annexe 1 regroupes l'évolution des superficies, la production et l'exportation de ces trois produits pendant dix ans en Tunisie,
- ils sont traditionnellement séché au soleil, leurs préparations traditionnelles en Tunisie sont décrites dans l'annexe 1.

L'ensemble des pré-traitements effectués sur le produit avant l'opération de séchage constitue un paramètre très important, dont il faut tenir compte, qui affecte cette opération.

III-2 Traitement du produit

D'une façon générale, on pratique des traitements particuliers selon les produits ayant comme but :
- soit l'accélération du séchage (exemples : trempage dans une solution de soude, …) ;
- soit l'inhibition de l'action des enzymes (exemples : traitement avec du soufre, …) ;

- soit le ralentissement des réactions chimiques non enzymatiques (exemples : changement de couleur des produits séchés, ...) ;
- soit la protection du produit contre les insectes.

III-2-1 Pré-traitement du piment

Les piments peuvent subir un blanchiment avec l'eau chaude pour une durée de 5 min, une augmentation de la teneur en eau initiale et un accroissement de la durée de séchage sont observés (Tunde-Akintunde, Afolabi, Akintunde (2005)). Dans notre cas, aucun pré-traitement n'a été réaliser. Les gousses du piment (variété « Baklouti ») sont découpées longitudinalement en deux tranches. Après l'enlèvement des pédoncules ainsi que les graines, on mesure la surface de l'échantillon par une méthode de pesée, qui consiste à tracer le contour de l'échantillon sur une feuille de carton dont on connaît la masse par unité de surface. Puis on étale les fruits sur une grille métallique perforée, la peau contre la grille, voir photo (III-1-(a)).

III-2-2 Pré-traitement du raisin

Les expériences du séchage ont été faites sur le raisin type « sultanine ». Les baies ont une forme ellipsoïde, couleur verte à jaune doré, sans pépins et de diamètre moyen 12 mm. La pellicule de ce type de raisin est mince mais résistante et son époque de maturité : en Fin juillet–début août. On calcule approximativement la surface d'une baie et on la multiplie par le nombre de baies utilisé pour obtenir la surface totale de l'échantillon.

Le pré-traitement du raisin consiste à recueillir tout d'abord les grappes et de les laver à l'eau froide pour enlever la poussière et les agents contaminants. Ensuite un blanchiment dans une solution alcaline (1% d'hydroxyde de sodium) chauffée à 90°C est appliqué. Le trempage, d'une durée de 2 ou 3 secondes, entraîne dans la peau du raisin des craquelures qui accélèrent sa déshydratation (Azouz, 2002). Les grappes sont ensuite rincées à l'eau fraîche, pour interrompre l'action chimique et éviter de cuire le produit. Puis, on place le raisin sur la plaque métallique perforée.

III-2-3 Pré-traitement de tomate

Le pré-traitement de la tomate consiste à recueillir tout d'abord les grappes et de les laver à l'eau froide pour enlever la poussière et les agents contaminants. Les baies sont ensuite découpées en deux tranches symétriques, puis immergées dans une solution saline (3% de chlorure de sodium) à la température ambiante. L'immersion, est d'une durée de 3 ou

4 secondes, afin d'inhiber la prolifération des micro-organismes. Puis, on étale les tranches de tomate sur la plaque métallique perforée (la peau contre la grille).

III-3 Dispositifs expérimentaux

L'étude expérimentale consiste en la mise en œuvre des trois dispositifs expérimentaux suivant :
- Le premier dispositif est composé d'une soufflerie de laboratoire équipée d'un projecteur (de puissance 1 kW) pour simuler le rayonnement solaire, d'une balance de précision et d'un système d'acquisition et de traitement des données.
- Le deuxième dispositif permet d'étudier le séchage solaire sous serre et en plein air. Il est constitué essentiellement d'un système d'acquisition et de traitement de données et d'une balance de précision, protégée contre les vibrations dues au vent et les températures et l'humidité excessives de l'air.
- Le troisième dispositif est constitué d'un séchoir solaire de type indirect et du dispositif de pesage adapté pour mesurer le poids du produit, en continu, sans le faire sortir du caisson de dessiccation.

<u>III-3-1 Le premier dispositif : Au laboratoire</u>

Il s'agit d'une petite soufflerie de laboratoire à circuit ouvert, à laquelle une principale modification lui a été apportée qui consiste à placer un projecteur (1000 W) à différents niveaux au-dessus du produit. Cette soufflerie est installée dans une grande salle isolée, pour affaiblir les variations thermiques et hygrométriques du milieu extérieur.

La figure (III-1) illustre l'ensemble du dispositif expérimental de la soufflerie et indique les principaux éléments de l'installation. Il est constitué d'un ventilateur, d'un système de chauffage, d'une veine, d'un projecteur et des instruments de mesure. Le système de chauffage est constitué de résistances électriques chauffantes de puissance de 3000 W, placés à l'intérieur du tunnel. La température de l'air à l'intérieur de la veine est maintenue constante en gardant la même puissance de chauffage. La veine d'essai, construite en Plexiglas, est un tunnel rectangulaire de 800 mm de longueur, 250 mm de largeur et 250 mm de hauteur. Le plateau de séchage est placé à l'intérieur de la veine. Le plexiglas de la face supérieure de la veine a été remplacé par du verre ordinaire pour que la lumière provenant du projecteur atteigne le produit. Le projecteur (de puissance 1 kW) est placé à des niveaux différents au-dessus du plateau. La vitesse de l'air est ajustée par le variateur de vitesse du ventilateur.

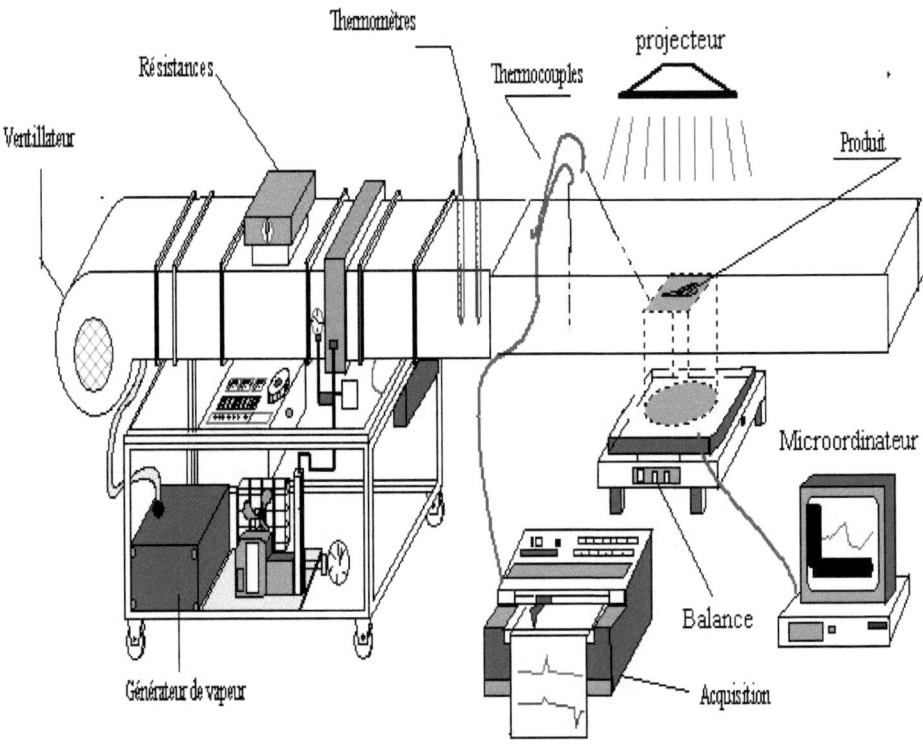

Figure III-1 : Le premier dispositif : Au laboratoire

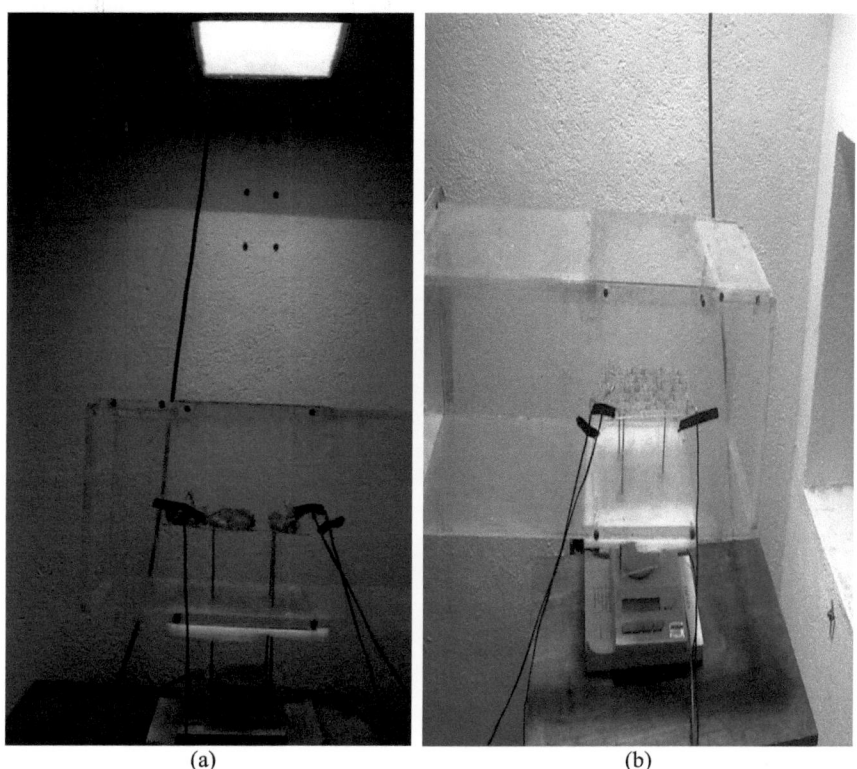
Photo III-1 : Séchage dans la soufflerie du laboratoire : (a) du piment, (b) du raisin

III-3-2 Le deuxième dispositif

La figure (III-2) illustre l'ensemble du dispositif expérimental utilisé pour le séchage sous serre et en plein air. Ce deuxième dispositif est constitué principalement d'une balance de précision introduite dans une cage en bois et d'une chaîne d'acquisition. Pour les essais à l'air libre la grille métallique perforée contenant le produit a été entourée de ses quatre cotés par une cloche formée de quatre morceaux de verre mince ordinaire, soutenue par un socle en bois afin d'éviter les altérations dues aux courants d'air excessifs (photo (III-2)).

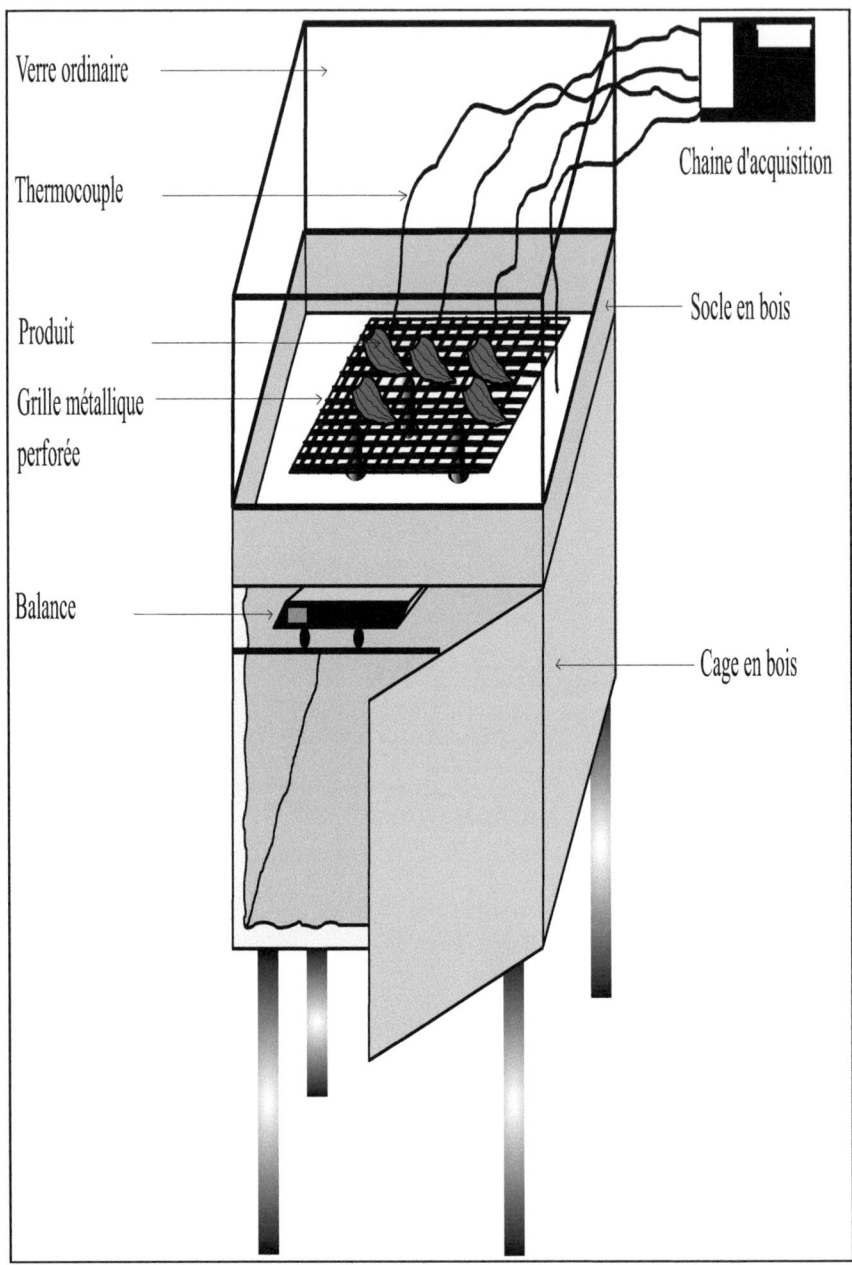

Figure III-2 : Le deuxième dispositif : Sous serre et en plein air

(a)   (b)
Photo III-2 : Séchage à l'air libre :(a) du piment, (b) du raisin

La serre utilisée pour le séchage est une serre à vocation agricole, installé dans notre laboratoire, de superficie de 100 m^2 (12.5 m de longueur sur 8 m de largeur), et son axe est parallèle à la direction est–ouest. Pour la protéger du vent dominant (nord-ouest), nous l'avons entourée par un brise–vent de hauteur 3m. La serre est revêtue d'une couverture en plastique (polyéthylène à basse densité d'épaisseur 180 µm) voir photo (III-3).

III-3-3 Le troisième dispositif

Il s'agit d'un séchoir solaire de type indirect fabriqué à l'I.N.R.S.T. Ce séchoir est doté d'un dispositif de pesage permettant de mesurer la masse du produit d'une manière permanente sans le faire sortir du caisson de dessiccation. Une coupe du séchoir est donnée par la figure (III-3). Ce séchoir contient essentiellement trois éléments :

(a) (b)
Photo III-3 : La serre :(a) vu de l'intérieur, (b) vu de l'extérieur

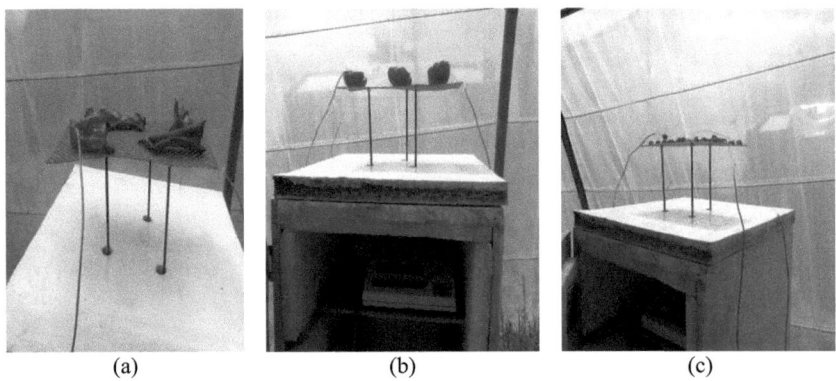

(a) (b) (c)
Photo III-4 : Séchage sous serre : (a) du piment ; (b) de tomate ; (c) du raisin.

- un générateur d'air chaud (capteur plan) de forme parallélépipédique où l'absorbeur est formé d'un ensemble de tôles ondulées en forme U et munies d'un revêtement non sélectif de peinture noire. Cet absorbeur présente une forme plane en exposition au soleil et une série d'ailettes ayant pour rôle d'augmenter le transfert d'énergie vers l'air en circulation (voir figure (III-4)) ;

- une enceinte de séchage (caisson de dessiccation), constituée d'un coffre métallique comprenant en série quatre claies en bois superposées. Le caisson est isolé de l'intérieur de ses trois cotés par une couche épaisse de laine de verre afin de diminuer les pertes thermiques. La face frontale est constituée d'une porte en plexiglas, permettant de mettre et de retirer les claies du séchoir. La face inférieure du caisson comporte une ouverture circulaire permettant la pénétration de l'air chaud provenant du capteur à travers la conduite. Le raccordement entre caisson et capteur est réalisé par l'intermédiaire d'un tuyau flexible calorifugé ;

- un dispositif de tirage formé par une cheminée solaire de forme parallélépipédique. La face d'avant de la cheminé est en plexiglas et les trois autres faces sont des plaques planes métalliques. La cheminée est dotée d'une trappe et d'une plaque absorbante. Sa partie inférieure est une enceinte de forme trapézoïdale qui converge du caisson vers la partie supérieure de la cheminée afin d'amortir le changement brusque de section et diminuer les pertes de charges singulières.

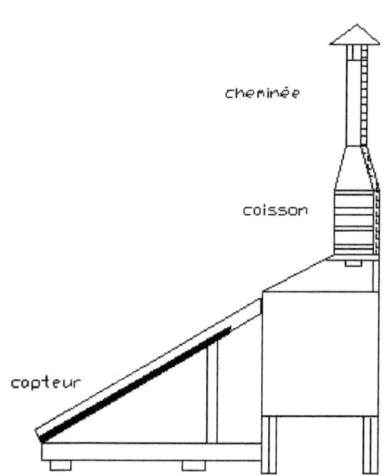

Figure III-3 : Coupe simplifiée du séchoir solaire

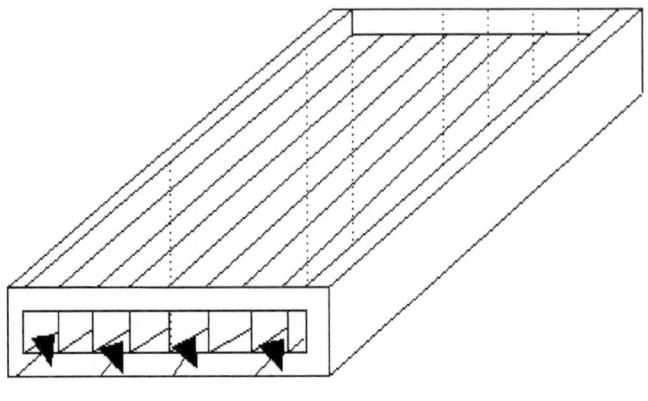

Passage de l'air travers les ailettes

Figure III 4 : Schéma du capteur solaire plan à air (forme à ailettes)

L'ensemble du séchoir est orienté en plein sud. L'inclinaison du capteur par rapport à l'horizontale est 30°.

Pour pouvoir prendre des mesures en continue de la masse du produit sans le faire sortir du caisson de dessiccation, nous avons conçu et réalisé un support approprié. Ce support est constitué d'une base en plexiglas, d'une tige en acier de 60 cm de longueur et de 8 mm de diamètre et d'une grille métallique perforée. La longueur et la résistance du support permettent de prendre des mesures de masse du produit sur la grille à l'intérieur du caisson tout en laissant la balance à l'extérieur (figure (III-5)).

Les courants d'air créent sur le séchoir des vibrations qui peuvent altérer les performances de la balance et rendent quasiment impossibles la lecture de la masse du produit. Pour éviter ce problème, nous avons recouvert la balance par une cloche en plexiglas et nous l'avons placée sur un socle isolé du séchoir.

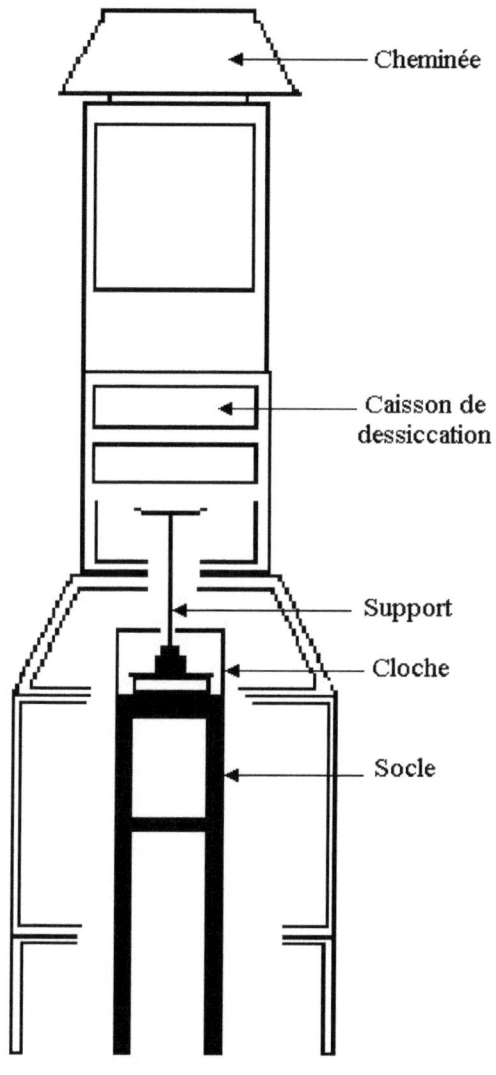

Figure III-5 : Dispositif de pesage

Photo III-5 : Séchage dans le séchoir : (a) du piment ; (b) du tomate ; (c) du raisin.

III-4 Mode opératoire

III-4-1 Les essais au laboratoire

Lors des essais faits au laboratoire, nous nous sommes placés dans les mêmes conditions de contact air-produit en utilisant un écoulement d'air parallèle à la couche du produit. Les paramètres de séchage (rayonnement incident, vitesse de l'air, température et l'humidité de l'air) sont maintenus constants lors des essais de séchage (conditions contrôlées). Pour mesurer la température du produit, trois thermocouples de type K ont été utilisés. La température du produit étant obtenue en faisant la moyenne des températures de ces trois thermocouples qui sont placés en différents endroits dans le produit (photo (III-1)). La vitesse de l'air dans le séchoir est mesurée par un anémomètre (TESTO 440) permettant des mesures de vitesse dans la gamme du 0-15 m/s. Le rayonnement incident est mesuré à l'aide d'un pyranometre de type Kipp-Zonen (modèle CM3). L'humidité relative et de la température de l'air ont été mesurées par un capteur HMP35C (modèle Vaisala HMP35C). Les enregistrements ont été réalisés en connectant les thermocouples et le capteur HMP35C à une chaîne d'Acquisition CAMPBELL type 21X. Cette chaîne permet l'enregistrement des données expérimentales avec une précision de ±0.1°C pour les températures et une précision de ±3% pour l'humidité relative. La masse de l'échantillon au cours du temps est mesurée par une balance (METTLER-TOLEDO) de capacité 600 g et de précision ±0.1g. La température du produit sur le plateau, la température de l'air, l'humidité relative de l'air au-dessus de la surface du produit et la masse de l'échantillon ont été mesurés à des intervalles de 20 min pendant les expériences. L'acquisition et le traitement des données se fait par l'intermédiaire d'un micro ordinateur à travers une connexion IEEE.

III-4-2 Les essais à l'extérieur

Dans les essais de séchage sous serre, en plein air et dans le séchoir, les paramètres de séchage sont en variation continue dans le temps (conditions variables). Le même matériel est utilisé pour mesurer et enregistrer les températures du produit sur le plateau, les températures de l'air, l'humidité relative et la masse de l'échantillon. L'irradiation solaire est mesurée à l'aide d'un pyranomètre LI-200SZ 5 modèle LiCor LI-200 avec une précision de ±5% dans une gamme de 0-1000W/m². La chaîne d'Acquisition CAMPBELL type 21X est utilisée pour l'enregistrement des paramètres physiques à des intervalles de temps de 10 min.

Une fois l'opération de séchage terminée, on place l'échantillon dans une étuve à 120°C pendant 12 heures, ensuite on le pèse pour déterminer sa masse sèche.

Chapitre IV

RESULTATS EXPERIMENTAUX ET INTERPRETATIONS

IV-1 Introduction

Avant de passer à la présentation des résultats de simulation numérique et à la validation de notre modèle, nous présentons les principaux résultats des essais expérimentaux. L'objectif étant de connaître ces cinétiques de séchage avec un maximum de précision et permettre ainsi d'avoir une meilleure compréhension des mécanismes de transfert de chaleur et de masse lors du séchage convectif-radiatif d'une couche mince de produit agroalimentaire.

IV-2 Séchage à conditions constantes (au laboratoire)

IV-2-1 Cinétiques de séchage du piment

Les expériences réalisées au laboratoire pour le piment rouge ont été conduites pour différentes valeurs, de la température de l'air séchant ($T_a=32°C$, $T_a= 42°C$, $T_a=49°C$), de la vitesse de l'air ($V_a=0,5$ m/s, $V_a =1$ m/s, $V_a=1,5$ m/s) et du rayonnement incident ($G=0$ W/m^2, $G=380$ W/m^2, $G=520$ W/m^2, $G=800$ W/m^2). Dans le Tableau IV-1 nous présentons les conditions de séchage des dix-huit expériences retenues pour l'établissement des constantes du modèle de simulation du séchage du piment rouge au laboratoire. Nous constatons qu'au début des essais, la température du piment est inférieure à la température de l'air séchant et, au fur et à mesure que le séchage progresse, la température du produit s'élève jusqu'à atteindre la température de l'air, et même la surpasse dans certains cas (voir annexe 2). Les écarts maxima et les écarts types ont été utilisés pour indiquer la stabilité de la température de l'air séchant et l'humidité relative pendant le processus de séchage. Nous constatons que l'humidité relative de l'air n'est pas stable au cours des essais. La température moyenne de l'air séchant est également différente de la température préalablement choisie pour conduire les expériences, dans certains cas.

Les essais de séchage ont débuté avec des teneurs en eau initiales variant de 7.51 à 10.66 kg d'eau par kg de matière sèche. Chaque essai a duré plus de seize heures. Les teneurs en eau finales atteinte varient entre 0.16 et 3.3 kg par kg de matière sèche.

G(W/m²)	T_a(°C)	V(m/s)	T_{pF}(°C)	T_{moy} (°C)	nax|T-T_{moy}.| (°C)	σ_T(°C)	HR_{moy} (%)	max|HR-HR_{moy}.| (%)	σ_{HR} (%)
0	32	0.5	28.1	29.6	1.0	0.36	54	4	2.00
0	32	1.0	30.5	32.6	1.0	0.51	57	11	5.85
0	32	1.5	31.3	32.4	1.3	0.50	60	19	7.59
0	42	0.5	36.2	40.7	0.8	0.30	33	1	0.52
0	42	1.0	36.7	43.1	2.2	0.50	37	6	2.49
0	42	1.5	35.3	40.1	0.8	0.32	36	1	0.45
0	49	0.5	43.1	47.9	0.8	0.35	24	2	0.75
0	49	1.0	41.8	50.6	2.4	0.98	22	8	4.34
380	32	1.0	37.2	33.9	1.5	0.36	55	5	2.55
380	42	1.0	40.8	43.3	1.6	0.59	29	8	4.03
380	49	1.0	45.8	50.5	1.3	0.51	18	9	2.27
520	32	1.0	36.5	31.3	1.2	0.27	60	8	2.12
520	42	1.0	43.9	42.4	0.8	0.27	28	3	1.05
520	49	1.0	46.5	47.6	2.6	0.65	24	3	0.97
800	32	0.5	43.4	31.7	0.5	0.24	57	2	0.98
800	32	1.0	36.8	31.8	1.2	0.49	59	5	2.56
800	32	1.5	37.3	32.9	0.6	0.25	62	5	1.86
800	42	1.5	47.4	42.6	1.3	0.35	37	4	1.87

Tableau IV-1 : Conditions de séchage de dix-huit expériences sur le piment.

<u>IV-2-1-1 Conversion teneur en eau/teneur en eau réduite</u>

Afin de pouvoir comparer les résultats expérimentaux, nous proposons de transformer les teneurs en eau en teneurs en eau réduites. Le calcule de la teneur en eau réduite nécessite la détermination de la teneur en eau d'équilibre X_{eq}. L'équation de Newton d'une couche mince a été communément utilisée pour décrire la courbe du séchage des piments rouges (Mujumdar, 1987, Passamia & Saravia, 1997a, Tunde-Akintunde, Afolabi & Akintunde,

2005). Par conséquent, la vitesse de séchage dX/dt, sous conditions constantes, est proportionnelle à la quantité totale d'eau évaporée ($X-X_{eq}$). Pour évaluer la teneur en eau d'équilibre X_{eq} pour chaque expérience, nous avons procédé comme suit (Passamia & Saravia, 1997a) :

Tout d'abord, $Ln(X-X_{eq})$ est calculé avec X_{eq} initialement estimé à partir du graphique $X=f(t)$. Ensuite, la valeur de X_{eq} est progressivement modifiée et les étapes suivantes ont été répétées jusqu'à ce que la valeur définitive de X_{eq} soit trouvée :

a) $Ln(X-X_{eq})$ est linéairement corrélé en fonction du temps, exprimé en heure. Ceci permet d'identifier les paramètres m et n de la droite $Ln(X-X_{eq})=m\,t+n$.

b) En utilisant m et n, on calcule une valeur de $X_c(t)$ au moyen de :

$$e^{mt}e^n + X_{eq} = X_c$$

L'erreur pour chaque estimation de $X_c(t)$ est déterminée au moyen de :

$$100\frac{|X_c - X_i|}{X_i} = \varepsilon_i\%$$

En suite, l'erreur moyenne est calculée, en utilisant :

$$\frac{\sum_{i=1}^{N}(\varepsilon_i\%)}{N} = \varepsilon_t\%$$

Où N est le nombre total de points expérimentaux.

c) X_{eq} est modifiée jusqu'à obtenir la valeur minimale de ($\varepsilon_t\%$).

Dans le tableau IV-2, nous présentons les teneurs en eau d'équilibre de chaque expérience ainsi que leurs coefficients de détermination R^2. Le coefficient de détermination est utilisé pour déterminer la consistance de l'ajustement. Plus la valeur de R^2 se rapproche de 1, plus l'ajustement est meilleur. Les valeurs trouvées de R^2, proches de 1, montrent que l'ajustement de dX/dt sur la droite ($X- X_{eq}$) est satisfaisant. Ceci montre qu'il y a absence de la période 1, période de séchage à vitesse constante dans ces courbes, et toutes les expériences sont établies dans la période 2, période de séchage à vitesse décroissante. Ce résultat est en accord avec les observations d'Akpinar et al. (2003), Kaymak-Ertekin (2002) et Passamia & Saravia (1997a, b). Le tableau IV-2 montre aussi que lorsque le séchage est purement convectif la teneur en eau d'équilibre X_{eq} décroît avec la température et la vitesse de l'air.

G(W/m²)	T$_a$(°C)	V$_a$(m/s)	X_{eq}	R^2	G(W/m²)	T$_a$(°C)	V(m/s)	X_{eq}	R^2
0	32	0.5	2.1	0.9998	380	42	1.0	0.54	0.9997
0	32	1.0	1.73	0.9998	380	49	1.0	0.2	0.9997
0	32	1.5	0.75	0.9984	520	32	1.0	0.35	0.9979
0	42	0.5	1.1	0.9994	520	42	1.0	0.28	0.9985
0	42	1.0	0.72	0.9993	520	49	1.0	0.06	0.9987
0	42	1.5	0.57	0.9984	800	32	0.5	0.27	0.9994
0	49	0.5	0.59	0.9985	800	32	1.0	0.21	0.9988
0	49	1.0	0.1	0.9987	800	32	1.5	0.39	0.9989
380	32	1.0	0.2	0.9993	800	42	1.5	0.16	0.9998

Tableau IV-2 : les teneurs en eau d'équilibre et leurs coefficients de détermination R^2 (cas du piment).

IV-2-1-2 Influence des paramètres du séchage sur les cinétiques
IV-2-1-2-1 Influence de la température de l'air

Les figures IV-1-(a, b, c) et IV-2-(a, b, c) montrent l'influence de la température de l'air sur les cinétiques de séchage. Plus la température de l'air de séchage est élevée plus la vitesse de séchage est importante et plus le temps de séchage est court. Ceci résulte d'une part de l'augmentation du pouvoir évaporateur de l'air et d'autre part de l'augmentation du flux de chaleur apporté par l'air au produit. L'augmentation du pouvoir évaporateur de l'air se traduit par la diminution de l'humidité relative : le terme moteur de l'évaporation de l'eau à la surface du produit étant la différence de pression de vapeur d'eau entre la surface du produit et l'air. L'augmentation du flux de chaleur apporté par l'air au produit a pour effet l'accroissement de la **température du produit** qui non seulement modifie l'activité de l'eau mais exerce aussi une influence sur le coefficient de diffusion de l'humidité et dans une moindre mesure sur son enthalpie de vaporisation (Kechaou, 2000).

La température de l'air est un paramètre influant, ainsi c'est le cas dans les travaux présentés par Bennamoun & Belhamri (2006), Azzouz, et al (2002); Laguerre et al (1991) et Kechaou (2000).

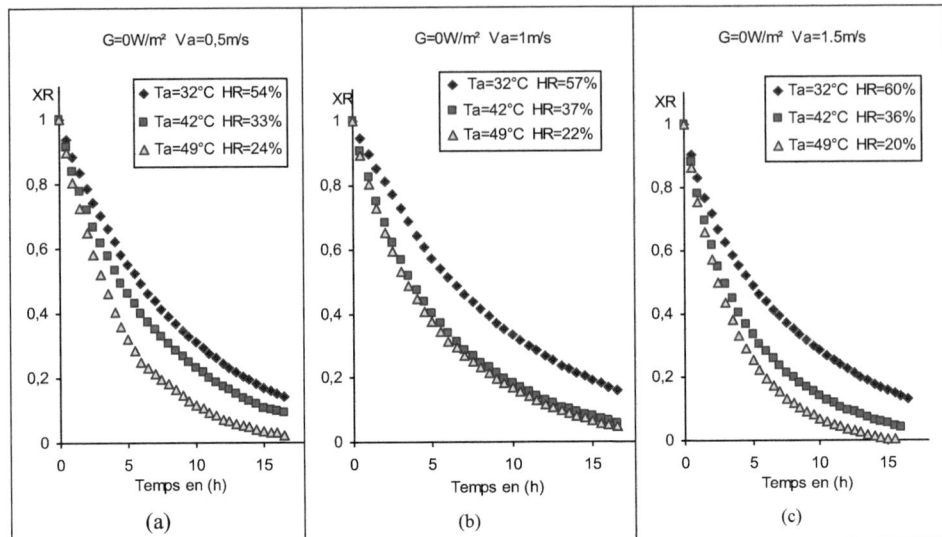

Figure IV-1 : Evolution de la teneur en eau réduite du piment en fonction du temps. Influence de la température de l'air (séchage purement convectif)

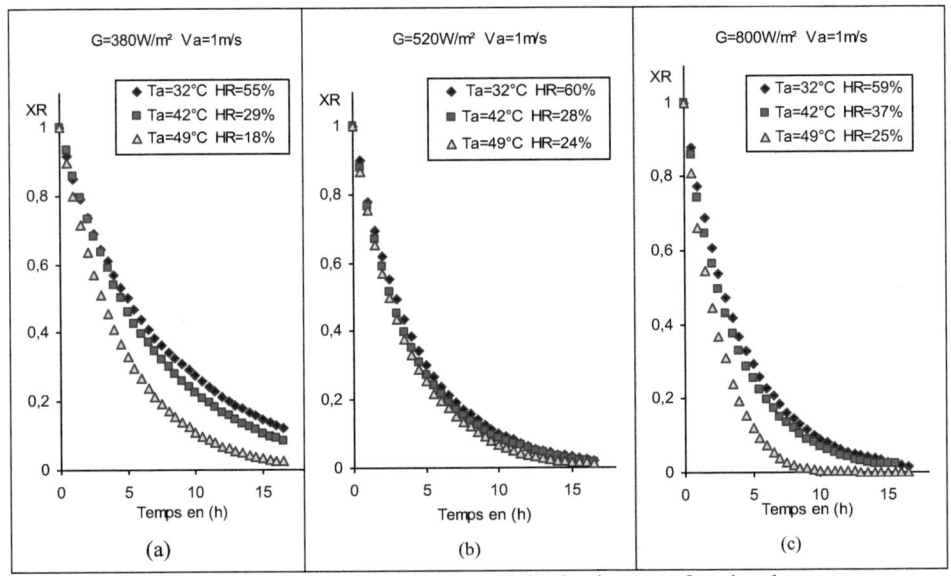

Figure IV-2 : Evolution de la teneur en eau réduite du piment en fonction du temps. Influence de la température de l'air (séchage combiné convectif-radiatif)

IV-2-1-2-2 Influence de la vitesse de l'air

Les figures IV-3-(a, b, c) et IV-4-(a, b, c) montrent l'influence de la vitesse de l'air sur les cinétiques de séchage. La vitesse de l'air séchant a peu d'effet sur les cinétiques de séchage, surtout lorsque le rayonnement est intense (Fig. IV-4-(a, b, c)). En plus, la rapidité du séchage n'augmente pas nécessairement quand la vitesse de l'air augmente : Dans la Fig. IV-3-b la rapidité du séchage augmente quand la vitesse de l'air augmente ; dans les Figs. IV-3-(a) et IV-3-(c) le séchage est moins rapide lorsque la vitesse de l'air est égale à 1.0 m/s en comparaison avec les autres vitesses ; dans les Figs. IV-4-(b) et IV-4-(c) le séchage est moins rapide lorsque la vitesse de l'air est égale à 1.5 m/s.
La vitesse de l'air n'est pas un paramètre influant dans le séchage, ainsi c'est le cas dans les travaux présentés par Bennamoun et Belhamri (2006), Togrul et Pehlivan (2003), Azzouz et al. (2002) et Kechaou (2000).

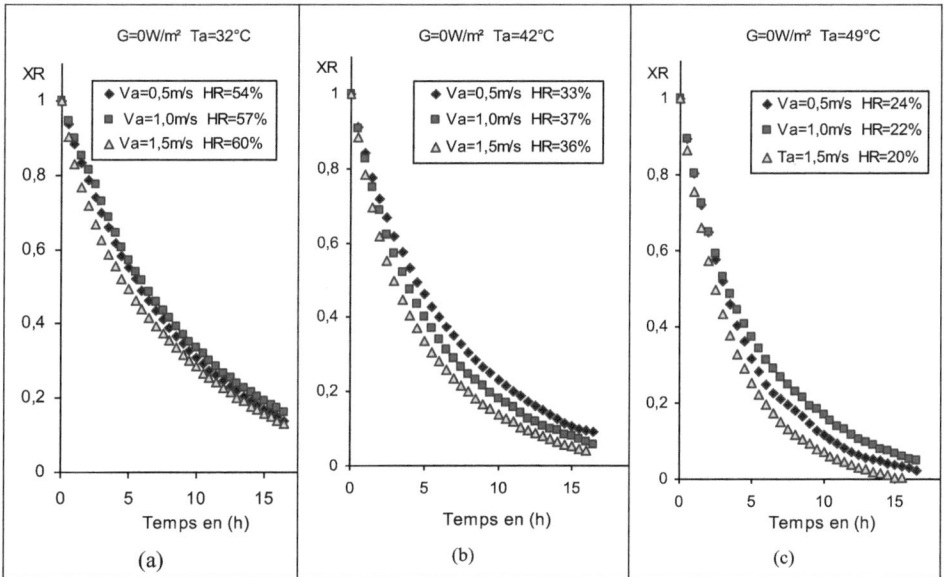

Figure IV-3 : Evolution de la teneur en eau réduite du piment en fonction du temps.
Influence de la vitesse de l'air (séchage purement convectif)

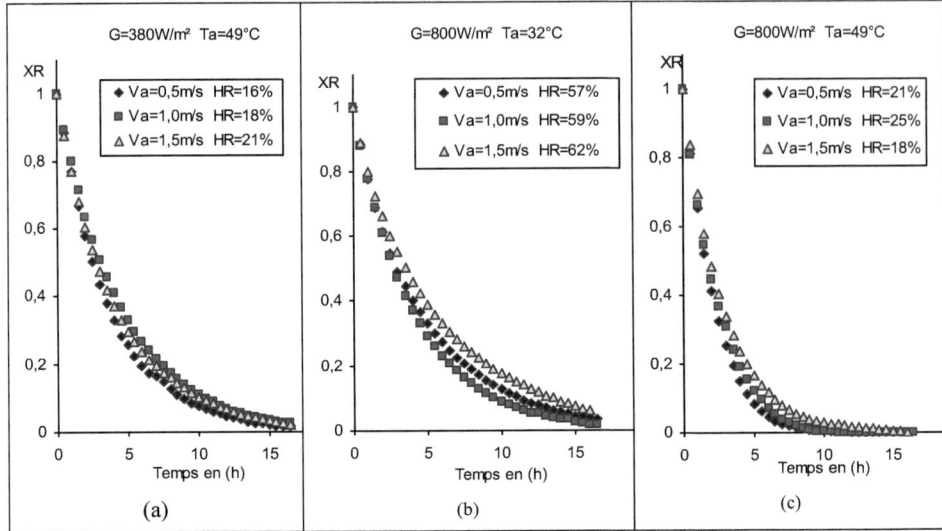

Figure IV-4 : Evolution de la teneur en eau réduite du piment en fonction du temps. Influence de la vitesse de l'air (séchage combiné convectif-radiatif)

IV-2-1-2-3 Influence de l'irradiation du produit

Les figures IV-5-(a, b, c), IV-6-(a, b, c) et IV-7-(a, b, c) montrent l'influence de l'irradiation du produit sur les cinétiques de séchage. Plus le rayonnement est intense plus la vitesse de séchage est importante et plus le temps de séchage est court. Ceci résulte de l'augmentation du flux de chaleur apporté par rayonnement au produit qui a pour effet d'accroître sa température et favoriser ainsi les transferts internes de masse. L'irradiation du produit est un paramètre influant dans l'opération de séchage. Plus le rayonnement est intense, plus sa contribution est importante (Fadhel et al, 2001).

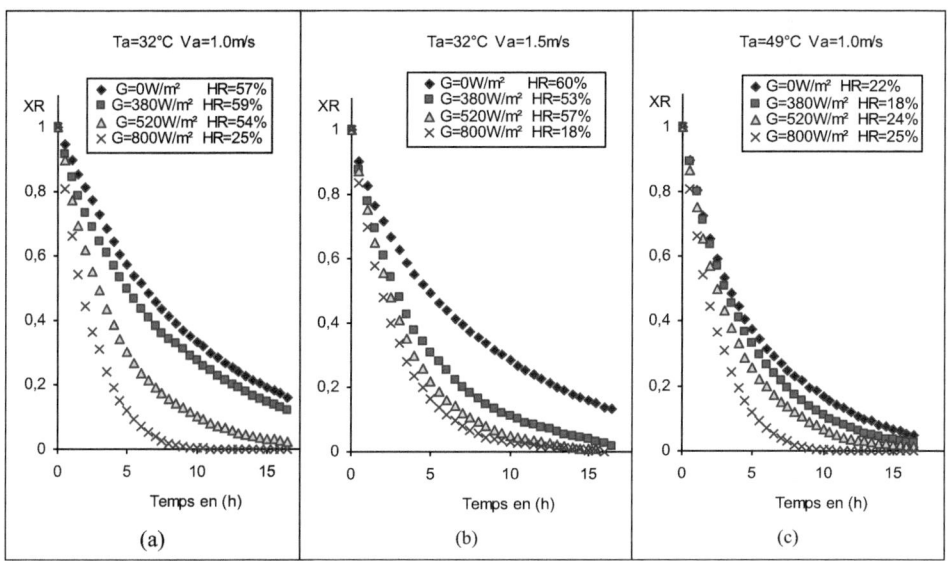

Figure IV-5 : Evolution de la teneur en eau réduite du piment en fonction du temps. Influence de l'irradiation du produit

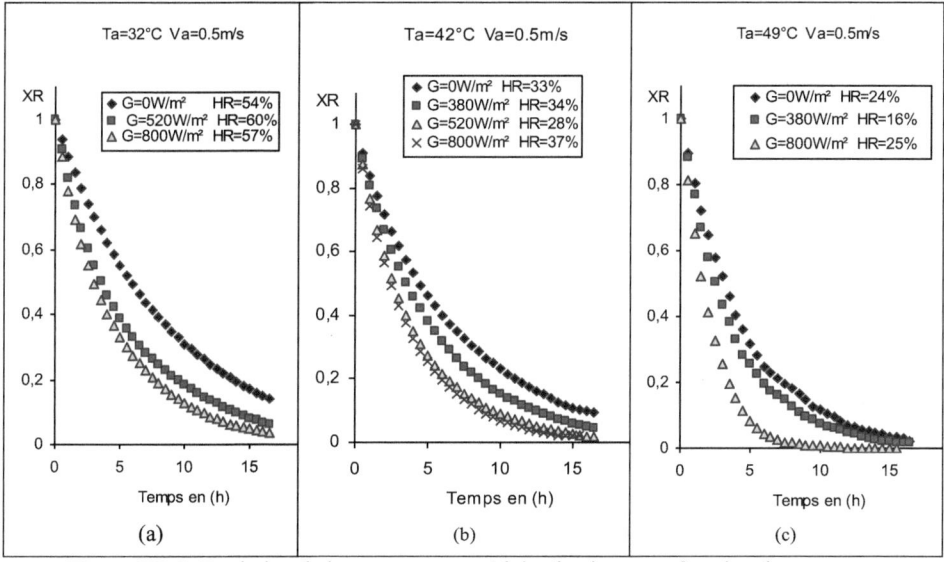

Figure IV-6 : Evolution de la teneur en eau réduite du piment en fonction du temps. Influence de l'irradiation du produit

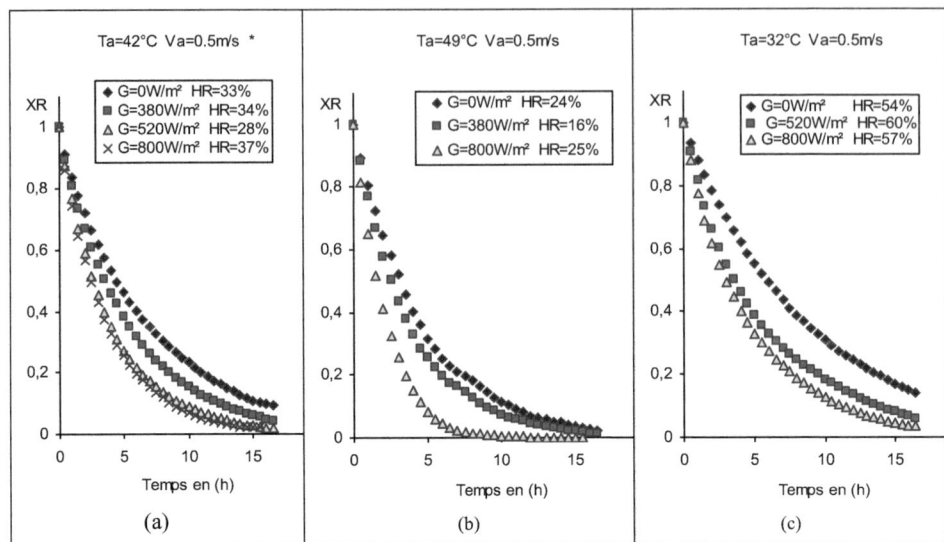

Figure IV-7 : Evolution de la teneur en eau réduite du piment en fonction du temps. Influence de l'irradiation du produit

IV-2-2 Les cinétiques de séchage du raisin

Les expériences réalisées au laboratoire pour le raisin ont été conduites pour différentes valeurs, de la température de l'air séchant (T_a=32°C, T_a= 43°C, T_a=53°C), de la vitesse de l'air (V_a=0,5 m/s, V_a=1,5 m/s) et du rayonnement (G=0 W/m², G=400 W/m², G=750 W/m²). Dans le Tableau IV-3 nous présentons les conditions de séchage des dixt-huit expériences retenues pour l'établissement des constantes du modèle de simulation du séchage du raisin au laboratoire. Les durées des essais de séchage du raisin ont été beaucoup plus longues que celles du séchage du piment. Elles ont varié entre vingt huit heures et plus de cent vingt heures. Les teneurs en eau initiales ont varié entre 4.85 et 7.52 kg d'eau par kg de matière sèche. Les teneurs en eau finales ont varié entre 0.29 et 1.84 kg d'eau par kg de matière sèche (voir annexe 2).

Les constatations faites au paragraphe IV-2-1, lors du séchage du piment, sont valables pour le raisin. Davantage, les conditions de séchage (température et humidité relative de l'air) ne sont pas stables à cause de la longue durée de certains essais qui peuvent atteindre six jours. On trouve aussi une différence entre la température préalablement choisie pour conduire certaines expériences et la température moyenne effective de l'air séchant.

G(W/m²)	T_a(°C)	V(m/s)	$T_{p\,moy}$ (°C)	T_{moy} (°C)	max$|T-T_{moy}|$ (°C)	σ_T(°C)	HR_{moy} (%)	max$|HR-HR_{moy}|$ (%)	σ_{HR} (%)
0	32	0.5	28.8	29.0	6.5	0.60	66	21	8.88
0	32	1.5	23.5	24.7	3.9	0.53	74	20	7.54
0	43	0.5	42.7	45.0	3.0	0.75	34	6	2.75
0	43	1.5	41.2	45.3	2.6	1.14	34	5	3.10
0	53	0.5	51.3	53.4	1.3	0.36	16	4	2.69
0	53	1.5	42.1	46.6	6.3	2.76	22	6	3.82
400	32	0.5	37.4	32.6	1.7	0.71	53	5	2.15
400	32	1.5	38.2	36.3	3.1	1.40	34	8	3.37
400	43	0.5	48.1	43.3	2.4	0.61	43	5	3.61
400	43	1.5	42.0	44.1	5.2	1.44	34	11	3.93
400	53	0.5	57.8	53.3	7.2	0.90	21	3	5.13
400	53	1.5	47.5	51.5	2.7	1.24	22	3	4.12
750	32	0.5	38.6	30.8	1.1	0.40	56	4	1.27
750	32	1.5	37.1	32.6	2.8	1.09	62	9	3.75
750	43	0.5	47.6	41.8	2.1	1.15	38	4	3.45
750	43	1.5	43.6	43.2	1.5	0.33	36	2	0.67
750	53	0.5	60.4	52.0	4.2	1.61	21	3	5.13
750	53	1.5	51.5	53.6	5.6	1.27	20	3	2.92

Tableau IV-3 : Conditions de séchage de dix-huit expériences sur le raisin au laboratoire.

IV-2-2-1 détermination de la teneur en eau d'équilibre

Dans le tableau IV-4, nous présentons les teneurs en eau d'équilibre de chaque expérience ainsi que leurs coefficients de détermination R^2. Les valeurs trouvées de R^2, proches de 1, montrent que l'ajustement de dX/dt sur la droite $(X- X_{eq})$ est satisfaisant. Ceci montre qu'il y'a absence de la période 1 et toutes les expériences sont établies dans la période 2. Ce résultat est en accord avec les observations Bennamoun et Belhamri (2006), Azzouz et al. (2002), Vagenas & Marinos-Kouris (1990) et Saravacos & Raouzeos (1986). En revanche au cas du piment, le tableau IV-2 montre que la teneur en eau d'équilibre X_{eq} décroît avec la température et la vitesse de l'air dans le cas où la radiation $G=400W/m²$.

$G(W/m^2)$	$T_a(°C)$	$V_a(m/s)$	X_e	R^2	$G(W/m^2)$	$T_a(°C)$	$V(m/s)$	X_e	R^2
0	32	0.5	0.11	0.9991	400	43	1.5	0.43	0.9968
0	32	1.5	1.57	0.9847	400	53	0.5	0.18	0.9818
0	43	0.5	0.26	0.9968	400	53	1.5	0.08	0.9982
0	43	1.5	0.01	0.9994	750	32	0.5	0.51	0.9952
0	53	0.5	0.73	0.9993	750	32	1.5	0.42	0.9790
0	53	1.5	0.01	0.9900	750	43	0.5	0.64	0.9835
400	32	0.5	0.57	0.9842	750	43	1.5	0.42	0.9968
400	32	1.5	0.71	0.9762	750	53	0.5	0.58	0.9920
400	43	0.5	0.34	0.9749	750	53	1.5	0.68	0.9933

Tableau IV-4 : les teneurs en eau d'équilibre et leurs coefficients de détermination R^2 (cas du raisin).

IV-2-2-2 Influence des paramètres du séchage sur les cinétiques

IV-2-2-2-1 Effet de la température de l'air

Les figures IV-8 (a, b, c, d) montrent l'influence de l'air séchant sur les cinétiques de séchage. La température de l'air est un paramètre influant sur le séchage. Ainsi pour le cas de la Fig IV-8-(a) la durée de séchage passe de 53 h à 43°C à 22 h à 53°C pour atteindre une teneur en eau réduite égale à 0.2. On note toutefois, une disproportion entre les temps de séchage lorsqu'on augmente la température avec un pas régulier. Ainsi dans le cas de la figure IV-8-(a), la durée de séchage diminue de 34 h lorsqu'on on passe de 32 à 43°C pour atteindre une teneur en eau réduite de 0.5 alors qu'elle diminue de 12 h quand on passe de 43 à 53°C. Ceci s'explique par les phénomènes d'écroûtage (déformation des raisins avec formation de couches sèches à la surface) et migration des solutés qui prennent de l'importance dans la diffusion de l'eau (Azzouz. S., 1999).

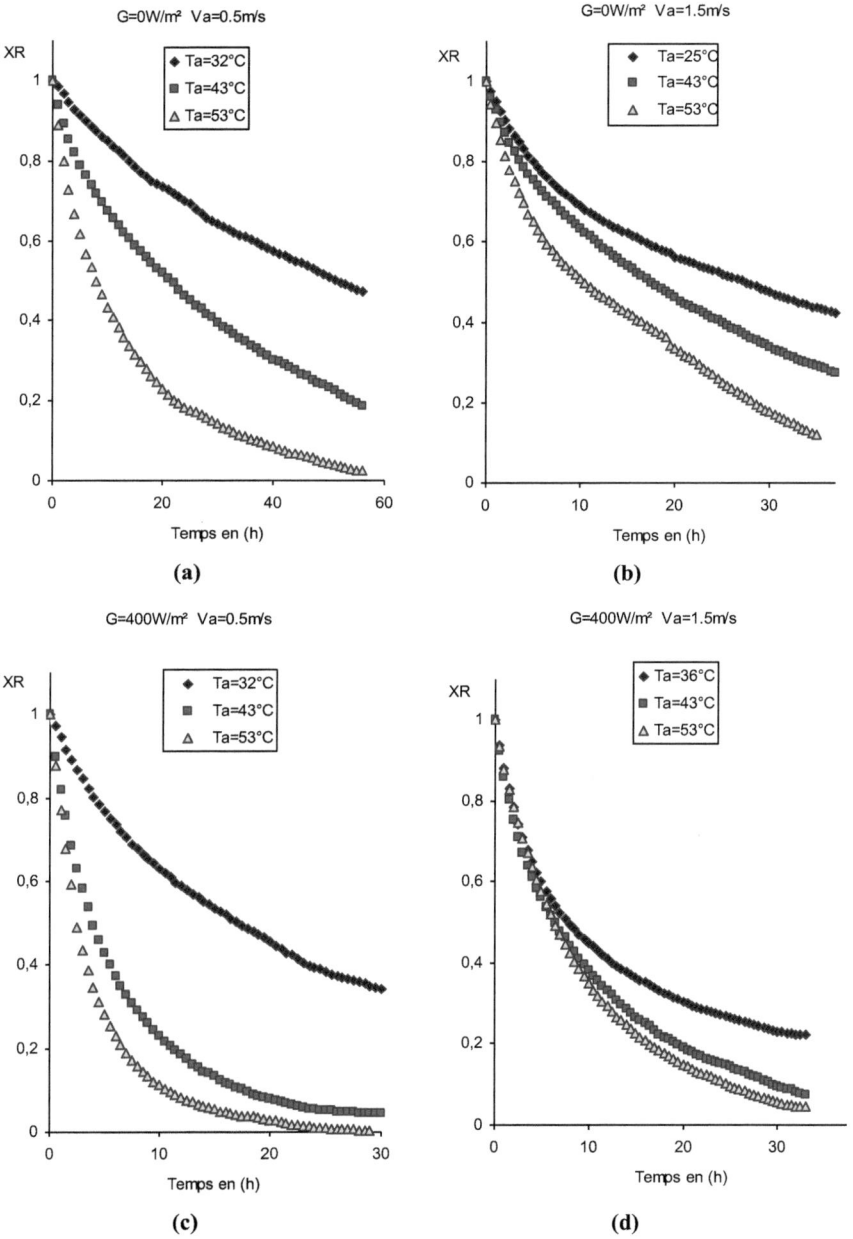

Figures IV-8 : Evolution de la teneur en eau réduite du raisin en fonction du temps. Influence de la température de l'air

IV-2-2-2-2 Effet de la vitesse de l'air

Les figures IV-9 (a, b, c, d, f, e) montrent l'influence de la vitesse de l'air séchant sur la cinétique de séchage. La vitesse de l'air séchant a peu d'effet sur les cinétiques de séchage. Dans le cas d'un séchage purement convectif, l'augmentation de la vitesse de l'air a pour effet d'accroître le flux de chaleur apporté par l'air au produit puisque la température de ce dernier est plus faible que celle de l'air. En conséquence, la température du produit augmente favorisant la migration interne de l'eau.

Dans le cas d'un séchage combiné, et si la température de l'air est inférieure à celle du produit, l'augmentation de la vitesse de l'air a pour effet d'abaisser la température du produit. En conséquence, la température du produit diminue défavorisant la migration interne de l'eau (IV-9 (c, d, f, e)).

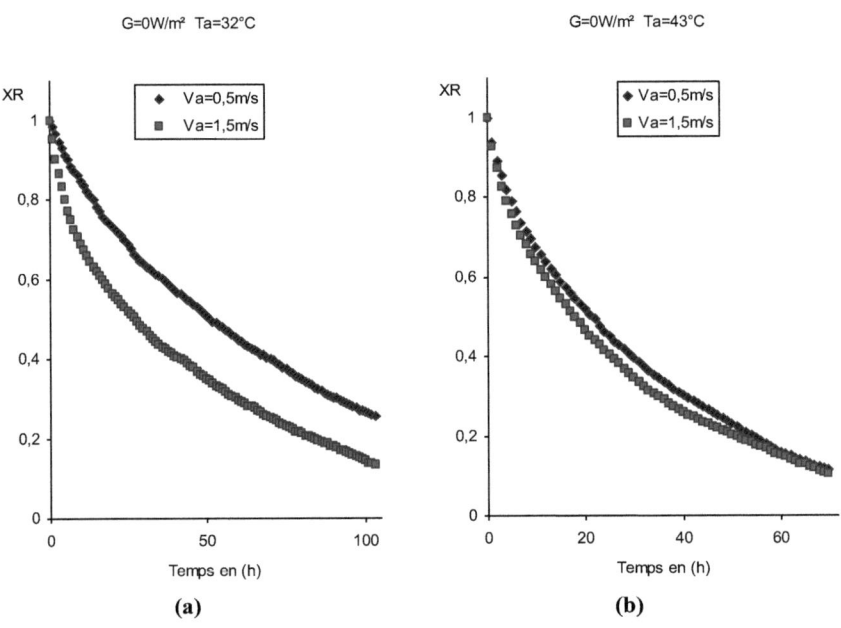

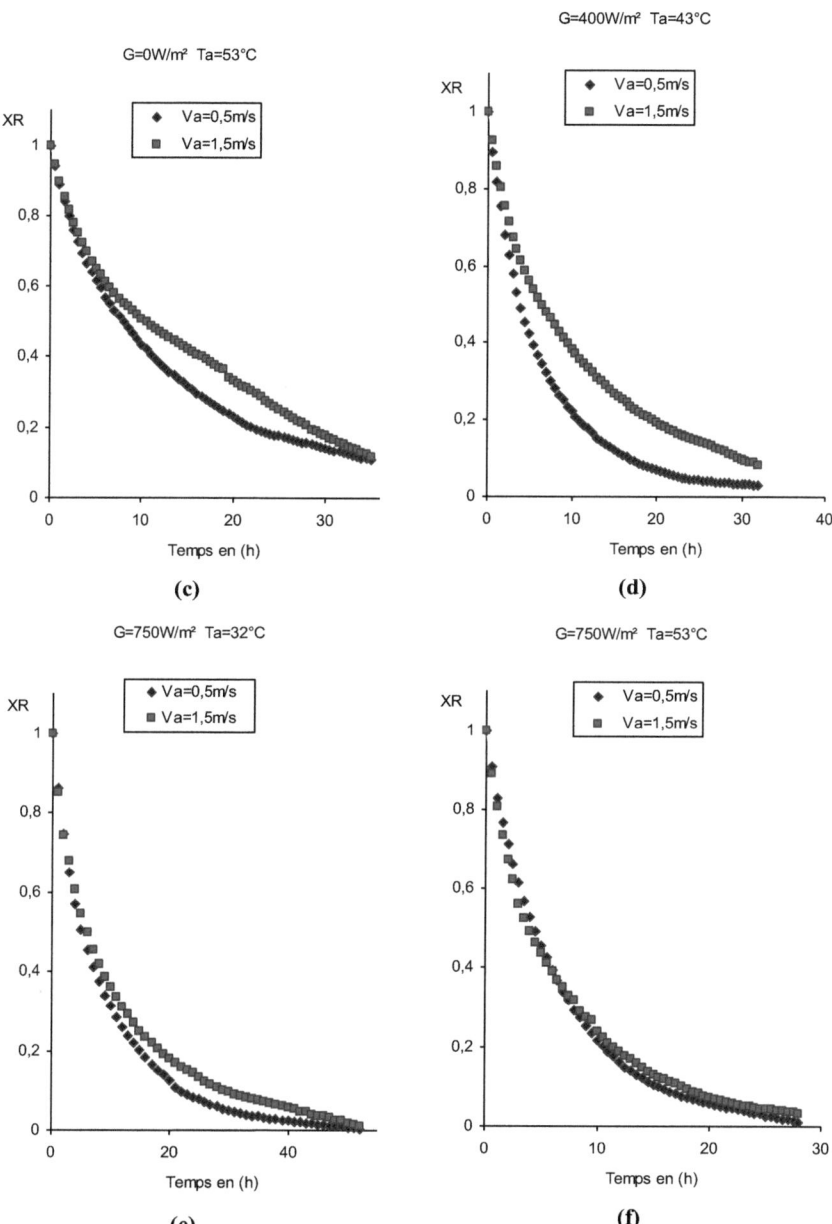

Figures IV-9 : Evolution de la teneur en eau réduite du raisin en fonction du temps. Influence de la vitesse de l'air

IV-2-2-2-3 Effet de l'irradiation du produit

Les figures IV-10-(a, b) montrent l'influence de l'irradiation du produit sur les cinétiques de séchage. Comme dans le cas du séchage du piment, L'irradiation du produit est un paramètre influant dans l'opération de séchage. Plus le rayonnement est intense, plus sa contribution est importante.

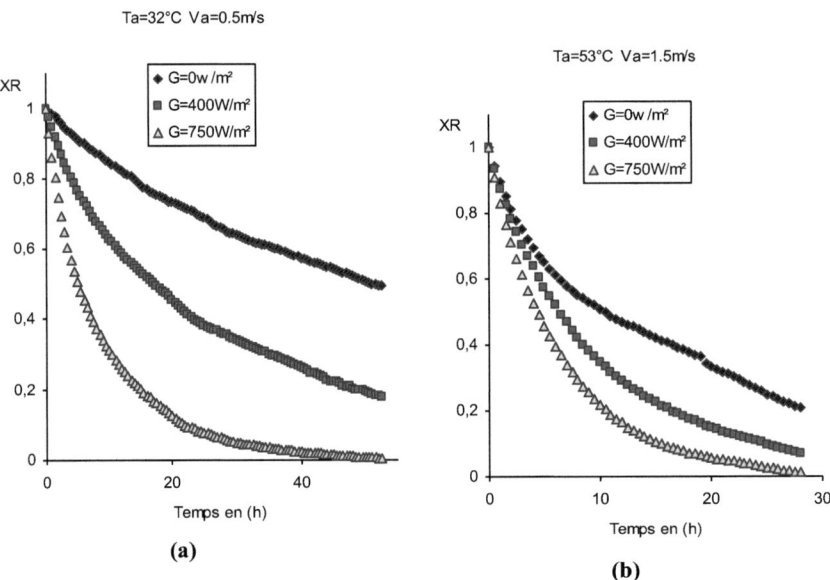

(a)

(b)

Figures IV-10 : Evolution de la teneur en eau réduite du raisin en fonction du temps. Influence de l'irradiation du produit

IV-3 Séchage à conditions variables (à l'air libre, sous serre et dans le séchoir) :

IV-3-1 Conditions et cinétiques de séchage

Dans les essais de séchage sous serre, en plein air et dans le séchoir, les paramètres de séchage sont en variation continue dans le temps (conditions non contrôlées). Huit essais de séchage ont été effectués sur le piment rouge, le raisin et la tomate. Les essais de séchage *sous serre* ont été effectués durant le mois d'août. Les essais de séchage *à l'air libre* ont été effectués pendant le mois de septembre. Les essais de séchage *dans le séchoir* ont été effectués du durant la fin du mois d'août et début du mois de septembre de l'année suivante.

Les essais de séchage ont débuté avec des teneurs en eau initiales variant : pour le piment de 8 à 12.6 kg d'eau par kg de matière sèche, pour le raisin de 5 à 6.2 kg/kg MS, pour la tomate de 24.5 à 19.9 kg/kg MS.

IV-3-2 Séchage à l'air libre

Sur les Figures IV-11-(a, b) nous présentons les cinétiques ainsi que les conditions de séchage du piment et du raisin, à l'air libre. Les périodes d'essais sont caractérisées par des journées bien ensoleillées. Le rayonnement solaire atteint son maximum de l'ordre de 800W/m² à la mi-journée. L'humidité relative de l'air est presque saturante la nuit. Elle décroît, pendant le jour, pour atteindre un minimum aux alentours de 50%. Pendant le jour, on observe que la température du produit est supérieure à celle de l'air ; elle atteint un maximum de 50°C alors que celle de l'air atteint un maximum de l'ordre de 32°C. Pendant la nuit, la température de l'air est légèrement supérieure à celle du produit (1 à 2 °C).

Les cinétiques de séchage sont caractérisées par des arrêts de séchage pendant la nuit. Au cours de ces arrêts de séchage, nous assistons à une relaxation des gradients internes de température et de teneur en eau du produit. Les températures et les teneurs en eau à l'intérieur du produit tendent à s'uniformiser. La teneur en eau à la surface du produit tend à augmenter à cause d'un afflux d'eau du centre vers la périphérie. Ceci entraîne alors une augmentation de l'activité de l'eau à la surface du produit ainsi qu'une diminution de la température. En outre, à la reprise au matin, les transferts de chaleur et de matière sont facilités. Les termes moteurs, différence de température ou différence de pression de vapeur d'eau entre la surface du produit et l'air deviennent plus importants qu'avant l'arrêt pendant la nuit (Bouaziz. N., 2000).

L'abaissement de la température du produit par rapport à celle de l'air, pendant la nuit, à pour effet d'inverser le terme moteur de matière, à savoir la différence de pression partielle de vapeur d'eau. Ceci entraîne une légère augmentation de la de la teneur en eau du produit pendant la nuit, discernable sur la cinétique de séchage du raisin.

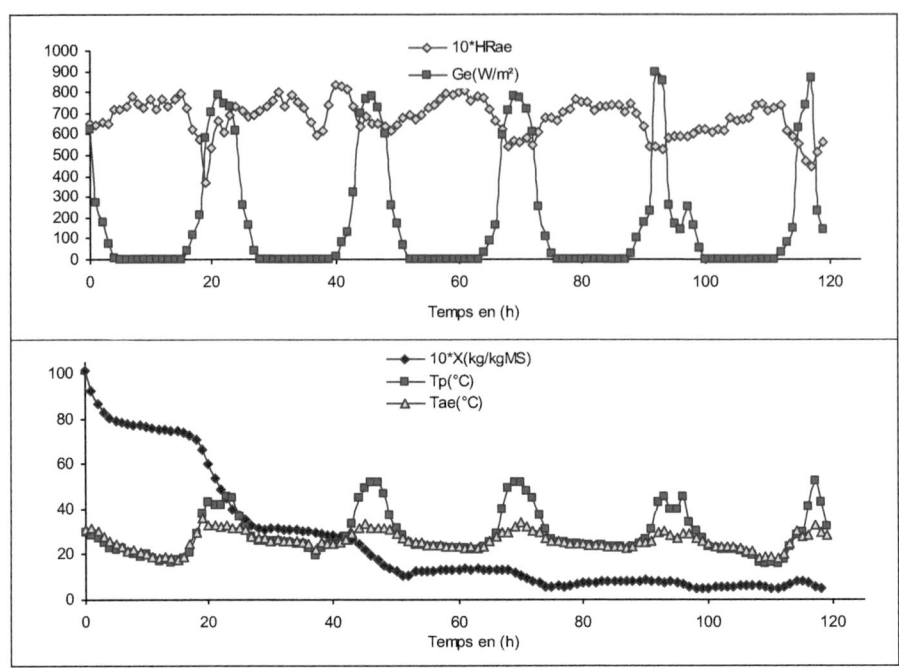

Figure IV-11-a : Cinétique et conditions de séchage du piment à l'air libre
Evolution de la teneur en eau du produit (X), de la température du produit (T_p), de la température de l'air à l'extérieur (T_{ae}), de l'humidité relative de l'air extérieur (HR_{ae}) et de l'ensoleillement extérieur (G_e), au cours du temps.

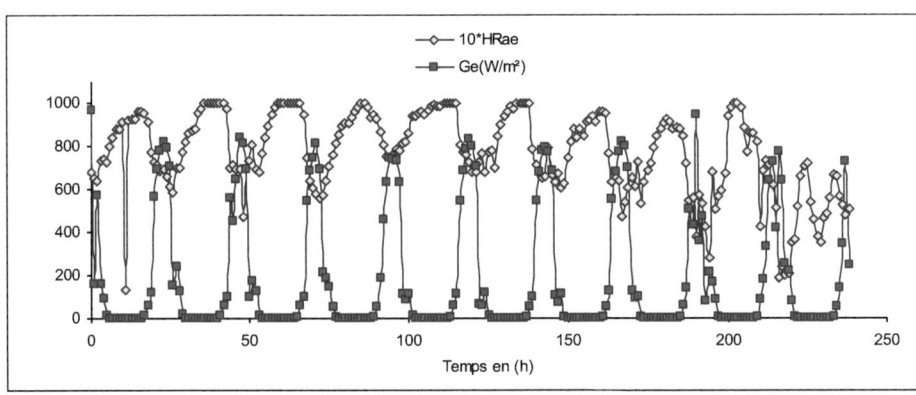

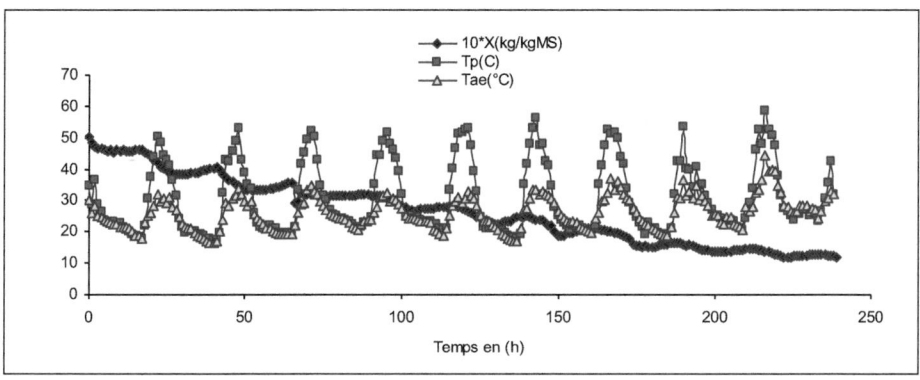

Figure IV-11-b : Cinétique et conditions de séchage du raisin à l'air libre
Evolution de la teneur en eau du produit (X), de la température du produit (T_p), de la température de l'air à l'extérieur (T_{ae}), de l'humidité relative de l'air extérieur (HR_{ae}) et de l'ensoleillement extérieur (G_e), au cours du temps.

IV-3-3 Séchage sous la serre

Sur les Figures IV-12-(a, b, c) nous présentons les cinétiques ainsi que les conditions de séchage du piment, du raisin et de la tomate, sous la serre. Le rayonnement solaire sous la serre est moins intense que celui à l'extérieur. Nous avons enregistré une réduction de 20% du rayonnement pénétrant la couverture de la serre. Le rayonnement solaire maximum atteint sous serre est de l'ordre de 600W/m². L'humidité relative de l'air est saturante la nuit. Elle décroît, pendant le jour, pour atteindre un minimum de l'ordre de 20%. Pendant le jour, la température du produit atteint un maximum de 60°C alors que celle de l'air intérieur atteint un maximum de l'ordre de 50°C. Pendant la nuit, la température de l'air est légèrement supérieure à celle du produit (2 °C).

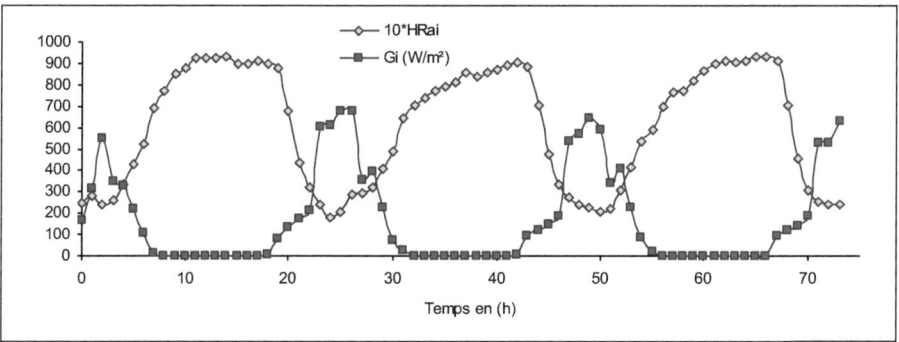

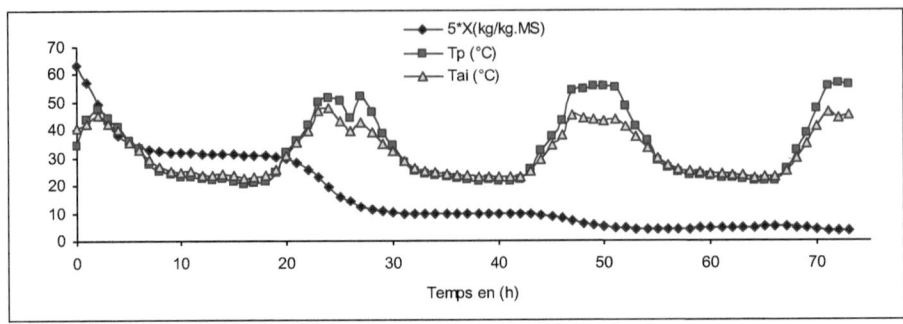

Figure IV-12-a : Cinétique et conditions de séchage du piment sous serre
Evolution de la teneur en eau du produit de la température de l'air à l'intérieure de la serre (T_{ai}), de l'humidité relative de l'air intérieur (HR_{ai}) et de l'ensoleillement intérieur (G_i), au cours du temps.

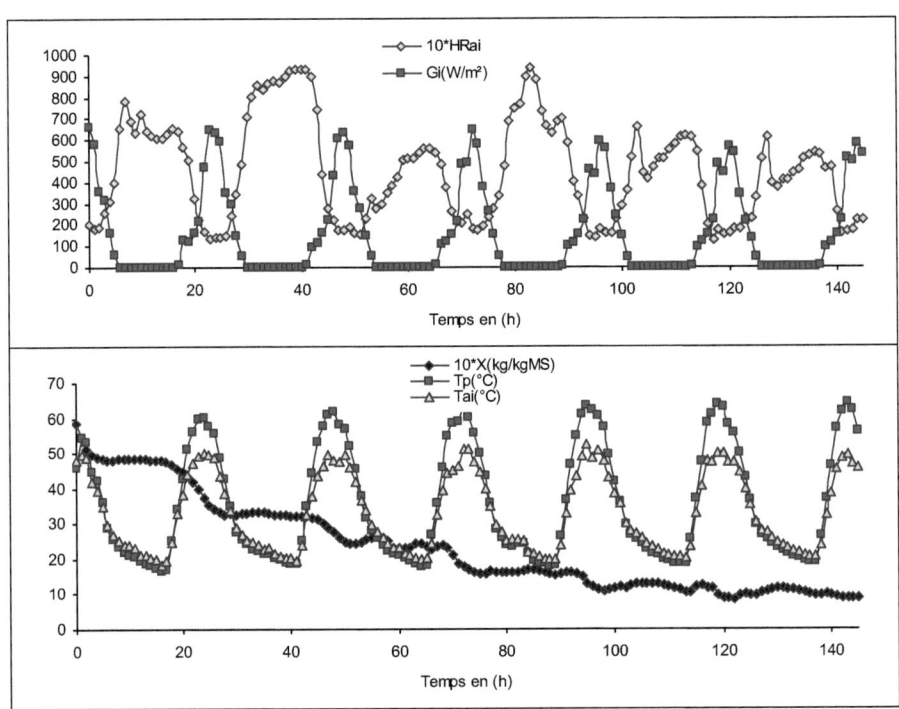

Figure IV-12-b : Cinétique et conditions de séchage du raisin sous la serre
Evolution de la teneur en eau du produit (X), de la température du produit (T_p), de la température de l'air à l'intérieure de la serre (T_{ai}), de l'humidité relative de l'air intérieur (HRai) et de l'ensoleillement intérieur (G_i), au cours du temps.

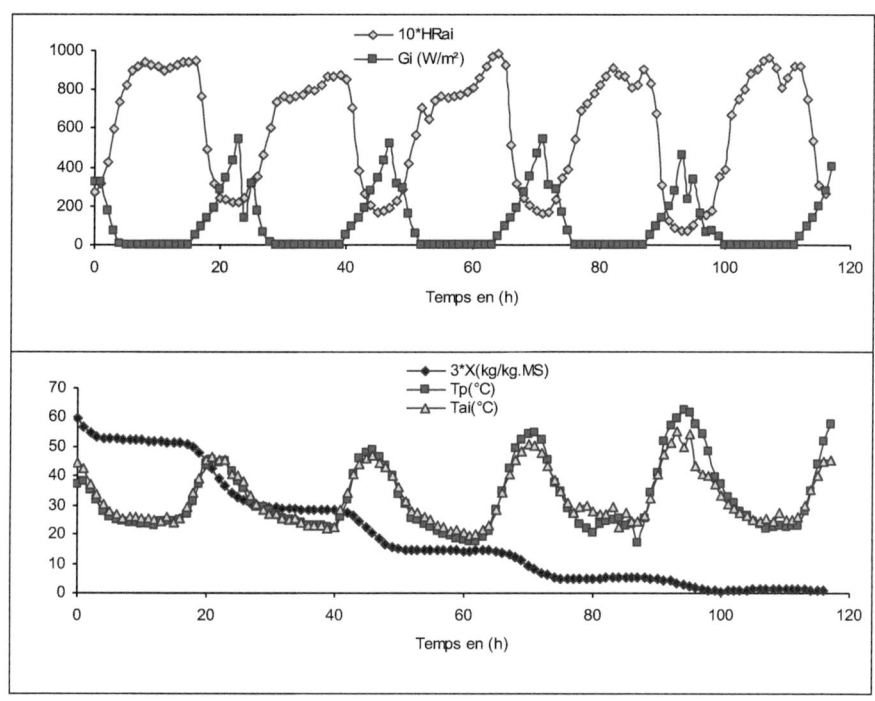

Figure IV-12-c : Cinétique et conditions de séchage de tomate sous la serre
Evolution de la teneur en eau du produit (X), de la température du produit (T_p), de la
température de l'air à l'intérieure de la serre (T_{ai}), de l'humidité relative de l'air intérieur
(HR_{ai}) et de l'ensoleillement intérieur (G_i), au cours du temps.

IV-3-4 Séchage dans le séchoir

Sur les Figures IV-13-(a, b, c) nous présentons les cinétiques ainsi que les conditions de séchage du piment, du raisin et de la tomate, dans le séchoir solaire. Nous constatons que la température du produit dans le séchoir, comme à l'air libre, varie entre le jour et la nuit d'une façon sinusoïdale entre 20 et 45°C. Pendant la nuit la température du produit s'ajuste avec la température de l'air ambiant. Pendant le jour, la température du produit s'ajuste avec la température de l'air dans le séchoir. Elle atteint son maximum, de l'ordre de 50°C, au voisinage de midi solaire.

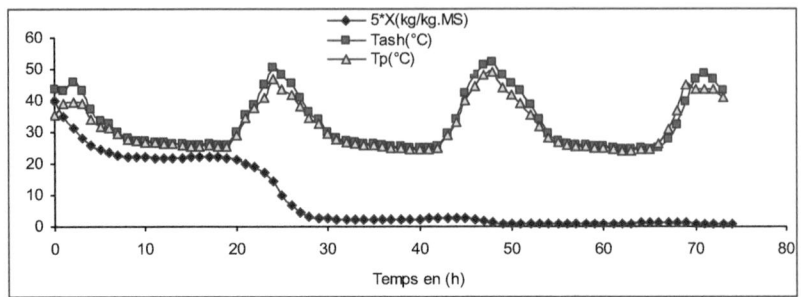

Figure IV-13-a : Cinétique et conditions de séchage du piment dans le séchoir
Evolution de la teneur en eau du produit (X), de la température du produit (T_p), et de la température de l'air dans le séchoir (T_{ash}) au cours du temps.

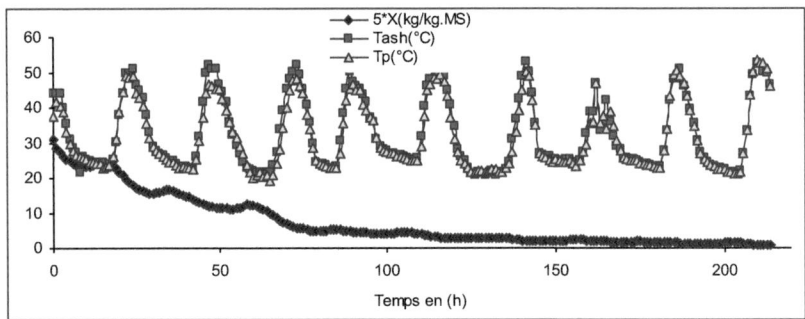

Figure IV-13-b : Cinétique et conditions de séchage du raisin dans le séchoir
Evolution de la teneur en eau du produit (X), de la température du produit (T_p), et de la température de l'air dans le séchoir (T_{ash}) au cours du temps.

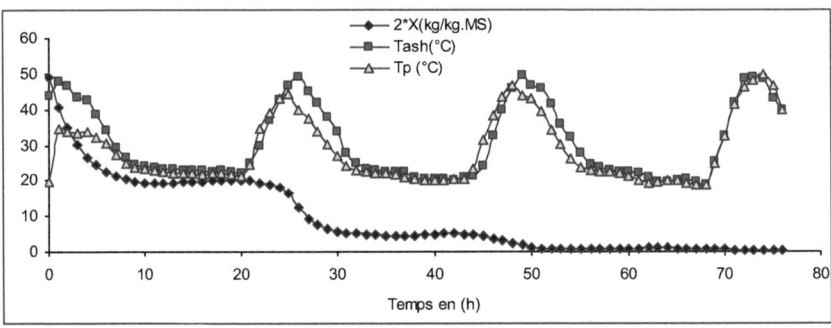

Figure IV-13-c : Cinétique et conditions de séchage de tomate dans le séchoir
Evolution de la teneur en eau du produit (X), de la température du produit (T_p), et de la température de l'air dans le séchoir (T_{ash}) au cours du temps.

IV-4 Etude comparative des trois procèdes des séchage

Les essais de séchage dans le séchoir, sous la serre et en plein air, ont été effectués sur des intervalles de temps différents : *sous serre* durant le mois d'août, *à l'air libre* pendant le mois de septembre et *dans le séchoir* durant la période de la fin du mois d'août et début du mois de septembre de l'année suivante. Les conditions climatiques pendant ces trois périodes sont similaires (figures IV-11-(a, b), IV-12-(a, b, c), IV-13-(a, b, c)), les températures de produits sont semblables (figures IV-14-(a, b, c)) et par conséquent les résultats expérimentaux peuvent être comparés sur la même échelle de temps.

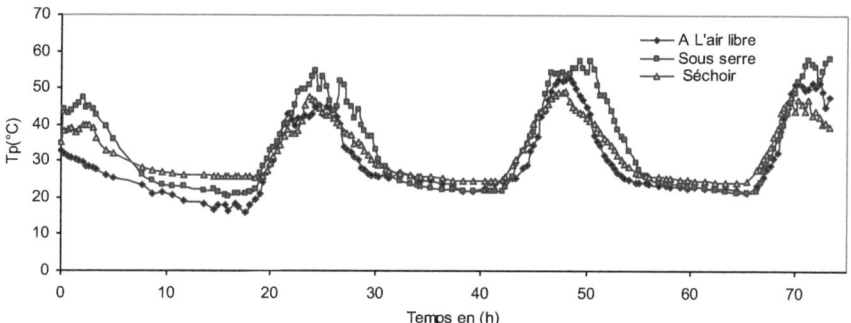

Figure IV-14-a : Evolution de la température du produit T_p dans le séchoir, à l'air libre et sous serre, (cas du piment)

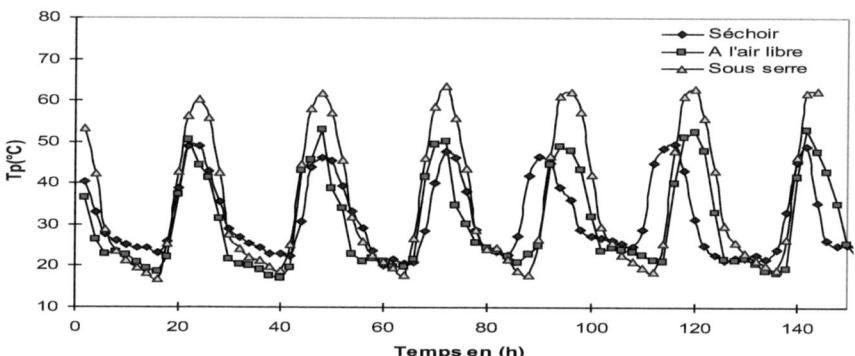

Figure IV-14-b : Evolution de la température du produit T_p dans le séchoir, à l'air libre et sous serre, (cas du raisin)

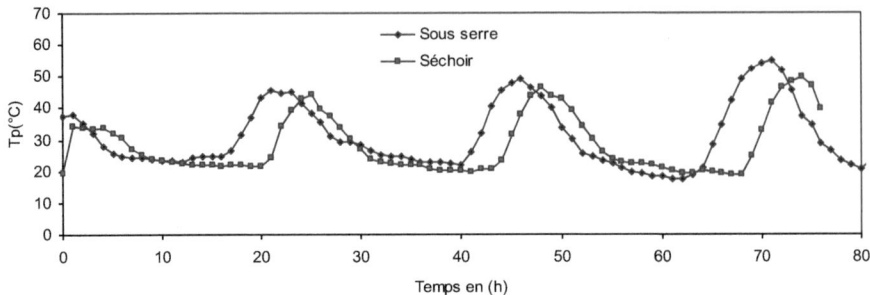

Figure IV-14-c : Evolution de la température du produit T_p dans le séchoir et sous serre, (cas du tomate)

IV-4-1 Cas du piment

Sur la figure IV-15 sont représentées les cinétiques de séchage du piment lorsqu'il est placé respectivement dans le séchoir solaire, sous serre et à l'air libre. Les essais de séchage ont commencé avec une teneur en eau initiale de 7.97 kg/kg MS dans le séchoir, 12.6 kg/kg MS sous la serre et 10.1 kg/kg MS en plein air. Les teneurs en eau finales sont respectivement 0.18 kg/kg MS dans le séchoir, 0.72 kg/kg MS sous la serre et 0.55 kg/kg MS en plein air. Les durées de séchage sont respectivement 73 heures (3 jours) dans le séchoir, 79 heures (plus que 3 jours) sous la serre et 118 heures (5 jours) en plein air.

Le piment sèche plus rapidement dans le séchoir. Ce dernier met 50 heures (soit 2 journées) pour sécher le piment aux normes commerciales de teneur en eau à base humide de 17.2% ; soit une teneur en eau à base sèche X=0.2 kg d'eau/kg.MS. Toutefois, les deux autres procédés mettent un volume horaire beaucoup plus important et ne parviennent pas à atteindre cette norme.

Pour comparer ces trois procédés nous utilisons une teneur en eau de référence X_{ref}=0.8 kg d'eau/kg MS. Le séchoir solaire met 27 heures pour atteindre cette valeur. Sous serre, le piment met 56 heures (soit plus que 2 journées). A l'air libre, il met plus que 72 heures (soit 3 journées).

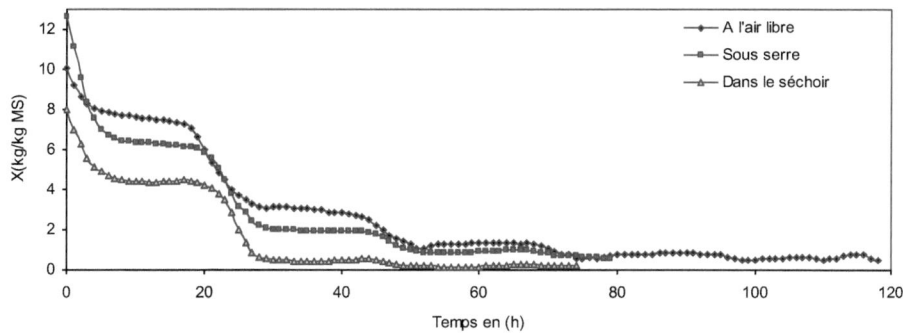

Figure IV-15 : Evolution de la teneur en eau du piment dans le séchoir, à l'air libre et sous serre

<u>IV-4-2 Cas du raisin</u>

Sur la figure IV-16 sont représentées les cinétiques de séchage du raisin lorsqu'il est placé respectivement dans le séchoir solaire, sous serre et à l'air libre. Les essais de séchage ont commencé avec une teneur en eau initiale de 6.24 kg/kg MS dans le séchoir, 5.85 kg/kg MS sous la serre et 5.01 kg/kg MS en plein air. Les teneurs en eau finales sont 0.15 kg/kg MS dans le séchoir, 0.89 kg/kg MS sous la serre et 1.22 kg/kg MS en plein air. Les durées de séchage sont respectivement 214 heures (9 jours) dans le séchoir, 146 heures (6 jours) sous la serre et 238 heures (10 jours) en plein air.

De même, le raisin sèche plus rapidement dans le séchoir. Ce dernier met 211 heures (soit 9 journées) pour sécher le raisin aux normes commerciales de teneur en eau à base humide de 16% (Nadeau et Puiggali, 1995) qui correspond à une teneur en eau X=0.19 kg d'eau/kg MS. De même, les deux autres procédés ne parviennent pas à atteindre cette norme (Fadhel et al, 2005).

Pour comparer ces trois procédés, nous utilisons une teneur en eau de référence X_{ref}=1kg d'eau/kg.MS qui correspond à une perte en eau de l'ordre de 80%. Le séchoir solaire met 77 heures (soit 4 journées) pour atteindre cette valeur. Sous serre, le raisin met 119 heures (soit 5 journées). A l'air libre, il met plus que 250 heures (soit plus que 11 journées).

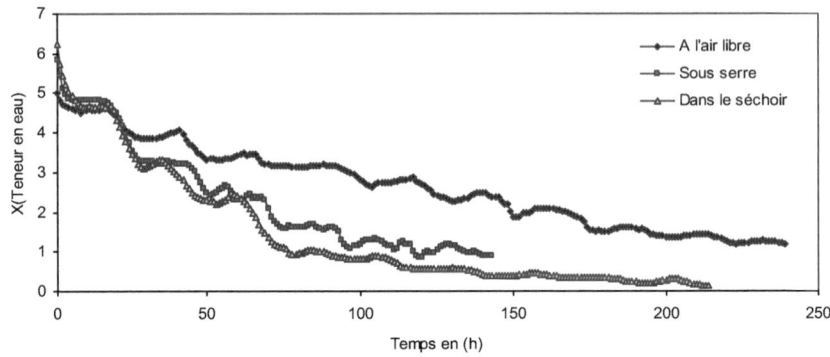

Figure IV-16 : Evolution de la teneur en eau du raisin dans le séchoir, à l'air libre et sous serre

IV-4-3 Cas de tomate

Sur la figure IV-17 sont représentées les cinétiques de séchage de tomate lorsque le fruit est placé respectivement dans le séchoir solaire et sous serre. Les essais de séchage ont commencé avec une teneur en eau initiale de 24.5 kg/kg MS dans le séchoir et 19.9 kg/kg MS sous la serre. Les teneurs en eau finales sont 0.27 kg/kg MS dans le séchoir et 0.37 kg/kg MS sous la serre. Les durées de séchage sont respectivement 76 heures (3 jours) dans le séchoir et 116 heures (5 jours) sous la serre.

De même, la tomate sèche plus rapidement dans le séchoir. On ne trouve pas un teneur en eau d'équilibre de norme commerciale fixe pour le séchage de la tomate. On note aussi que, pour comparer ces deux procédés, nous utilisons une teneur en eau de référence X_{ref}= 0.4kg d'eau/kg.MS qui correspond à une perte en eau de l'ordre de 93%. Le séchoir solaire met 68 heures (soit 3 journées) pour atteindre cette valeur. Sous serre, la tomate met 98 heures (soit 4 journées).

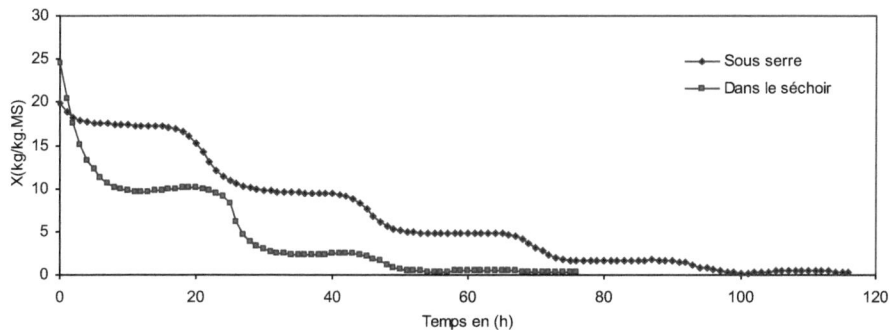

Figure IV-17 : Evolution de la teneur en eau de tomate dans le séchoir et sous serre

IV-4 Conclusion

Cette étude nous a conduit à conclure sur deux types d'expérimentations distincts : expérimentation à conditions contrôlés (C.C) au laboratoire et expérimentation à conditions variables (C.V) et non contrôlés en plein air, sous serre et dans un séchoir. Les résultats des essais expérimentaux réalisés au laboratoire ont permis de constater l'absence de la première phase de séchage à vitesse constante, et uniquement la présence d'une seule phase à vitesse décroissante et que la température de l'air et l'intensité du rayonnement sont les paramètres les plus influents sur l'opération de séchage.

La température de l'air agit d'une part sur le pouvoir évaporateur de l'air et d'autre part sur la température du produit à travers le flux de chaleur apporté par l'air. L'augmentation du pouvoir évaporateur de l'air se traduit par la diminution de l'humidité relative. L'accroissement de la température du produit non seulement modifie l'activité de l'eau mais exerce aussi une influence sur le coefficient de diffusion de l'humidité et dans une moindre mesure sur son enthalpie de vaporisation.

L'intensité du rayonnement agit directement sur la température du produit à travers le flux de chaleur véhiculé par rayonnement qui favorise en conséquence les transferts internes de masse. La vitesse de l'air séchant a peu d'effet sur les cinétiques de séchage. Elle agit sur la température du produit à travers le flux de chaleur apporté par l'air et favorise (respectivement défavorise) les transferts internes de masse suivant que la température du produit est inférieure ou supérieure à celle de l'air.

Les résultats des essais expérimentaux réalisés à l'air libre, sous la serre et dans le séchoir ont permis de constater que les cinétiques de séchage sont caractérisées par des arrêts de séchage pendant la nuit. Au cours de ces arrêts de séchage, nous assistons à une relaxation des gradients internes de température et de teneur en eau du produit. Les températures et les teneurs en eau à l'intérieur du produit tendent à s'uniformiser. La teneur en eau à la surface du produit tend à augmenter à cause d'un afflux d'eau du centre vers la périphérie. Ceci entraîne une augmentation de l'activité de l'eau à la surface du produit ainsi qu'une diminution de la température. En outre, à la reprise au matin, les transferts de chaleur et de matière sont facilités. Les termes moteurs, différence de température ou différence de pression de vapeur d'eau entre la surface du produit et l'air deviennent plus importants qu'avant l'arrêt pendant la nuit. L'abaissement de la température du produit par rapport à celle de l'air, pendant la nuit, à pour effet d'inverser le terme moteur de matière, à savoir la différence de pression partielle de vapeur d'eau. Ceci entraîne une légère augmentation de la teneur en eau du produit pendant la nuit, discernable sur la cinétique de séchage du raisin.

Chapitre V

MODELISATION ET RESULTATS DE SIMULATION

V-1 Introduction

L'objectif de ce chapitre est d'appliquer le modèle développé dans le chapitre II pour le séchage du piment rouge et du raisin sous serre, en plein air et dans le séchoir solaire. Il s'agit d'identifier les coefficients de ce modèle à partir des expériences de séchage à conditions constantes, réalisées au laboratoire. Ensuite, les essais de séchage réalisés en plein air, sous serre et dans le séchoir seront utilisés pour valider le modèle établi et adapté aux conditions variables.

V-2 Modèle de séchage à conditions constantes (modèle à C.C.)

V-2-1 Détermination des coefficients du modèle

L'équation de la cinétique de séchage, issue de la théorie de l'évaporation de l'eau, qui détermine le taux de séchage d'un produit s'écrit :

$$J = -\frac{m_S}{A}\frac{dX}{dt} = C(P_{s,a} - P_v) + DG \qquad (V.1)$$

La procédure d'évaluation des coefficients C et D est la suivante :

Les expériences de séchage *purement convectif* permettent la détermination de $C(X)$ à partir de l'équation :

$$C = -\frac{m_S}{A}\frac{dX}{dt}\frac{1}{(P_{s,a} - P_v)} \qquad (V.2)$$

La vitesse de séchage dX/dt, sous conditions constantes, étant proportionnelle à la quantité totale d'eau évaporée (X-X$_{eq}$) :

$$\frac{dX}{dt} = -k(X - X_{eq}) \qquad (V.3)$$

En remplaçant, dans l'équation (V.2), dX/dt par {-k (X-X$_{eq}$)} on obtient :

$$C(X) = \frac{m_S}{A} \frac{k(X-X_{eq})}{(P_{s,a} - P_v)} = c(X - X_{eq}) \qquad (V.4)$$

On détermine une corrélation linéaire entre $C(X)$ et $(X-X_{eq})$, pour chaque expérience. Les pentes c des droites obtenues ainsi que leurs coefficients de détermination sont présentées pour le piment et le raisin respectivement dans les Tableau V-1 et V-2.

T_a(°C)	V_a(m/s)	$10^9 c_\pi$	R^2
32	0.5	1.805	0.9882
32	1.0	1.81	0.8911
32	1.5	2.15	0.8771
42	0.5	0.944	0.9787
42	1.0	0.886	0.9745
42	1.5	1.356	0.9990
49	0.5	1.033	0.9932
49	1.0	0.483	0.9787

Tableau V-1 : Valeurs des constantes c_π du piment et des coefficients de détermination.

T_a(°C)	V(m/s)	$10^9 c_\nu$	R^2
25	1.5	2.699	0.9287
32	1.5	2.517	0.9817
43	0.5	0.722	0.9171
43	1.5	0.648	0.9108
53	0.5	0.839	0.7864
53	1.5	0.866	0.788

Tableau V-2 : Valeurs des constantes c_ν du raisin et des coefficients de détermination.

Les faibles valeurs de R^2 obtenues ($R^2 < 0.9$) proviennent du fait que l'humidité relative de l'air séchant pendant les essais correspondant n'est pas stable (Tableau IV-1 et IV-2). On constate aussi que c est inversement proportionnel à la température de l'air. Il n'existe pas de corrélation entre c et la vitesse de l'air. Les Figures V-1 et V-2 présentent l'évolution de c en fonction de la température de l'air respectivement pour le piment et le raisin.

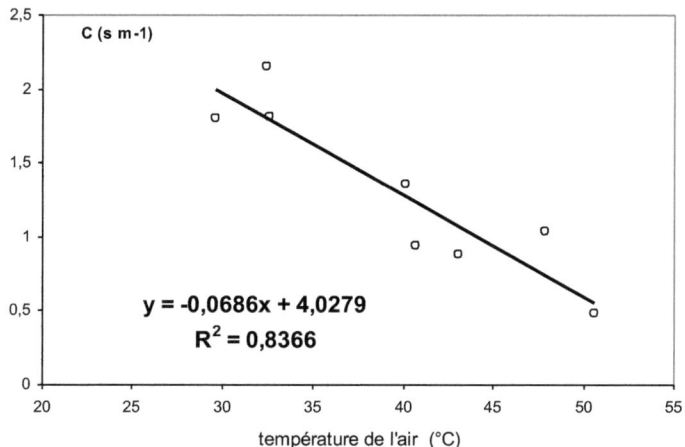

Figure V-1 : Proportionnalité entre c_π et la température de l'air pour le piment.

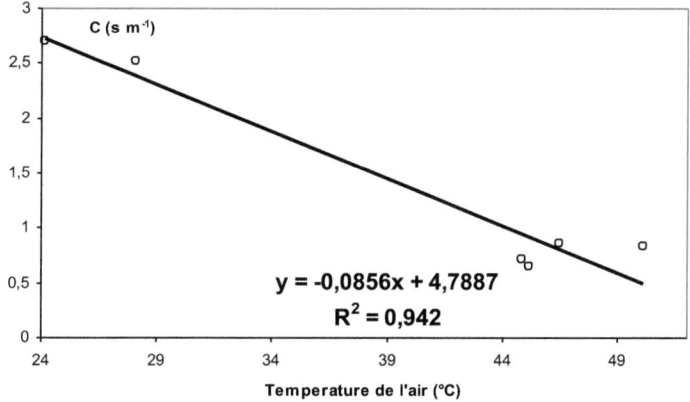

Figure V-2 : Proportionnalité entre c_v et la température de l'air pour le raisin

La corrélation $C_\pi(X)$ obtenue pour le piment est la suivante :

$$C_\pi(X) = [-0.0686(T - 273) + 4.028]10^{-9}(X - X_{eq}) \qquad (V.5)$$

La corrélation $C_p(X)$ obtenue pour le raisin est la suivante :

$$C_p(X) = [-0.0856(T-273) + 4.7887]10^{-9}(X - X_{eq}) \quad (V.6)$$

En introduisant les corrélations obtenues pour $C(X)$ dans l'Eq.(V-1), le coefficient $D(X)$ est déterminé à partir des expériences de séchage *combinés* (convectif-radiatif), à partir de l'équation :

$$D(X) = \frac{1}{G}[-\frac{m_s}{A}\frac{dX}{dt} - C(X)(P_{s,a} - P_v)] = d(X - X_{eq}) \quad (V.7)$$

La même approche que précédemment est utilisée pour calculer $D(X)$. On détermine une corrélation linéaire entre $D(X)$ et $(X-X_{eq})$, pour chaque expérience. Les pentes d de droites obtenues ainsi que leurs coefficients de détermination sont présentés pour le piment et le raisin respectivement dans les Tableaux V-3 et V-4.

G(W/m²)	T_a(°C)	V_a(m/s)	$10^6 d_\pi$	R^2
380	32	1.0	0.0007	0.3244
380	42	1.0	-0.0014	0.4010
380	49	1.0	0.0038	0.9467
520	32	0.5	0.0023	0.8473
520	42	1.0	0.0029	0.9829
520	49	1.0	0.0058	0.9648
800	32	0.5	0.0044	0.9958
800	32	1.0	0.0056	0.9960
800	32	1.5	0.0024	0.9748
800	42	1.5	0.0022	0.9592

Tableau V-3 : Valeurs des constantes d_π du raisin et des coefficients de détermination.

G(W/m²)	T_a(°C)	V_a(m/s)	$10^6 d_p$	R^2
400	32	0.5	0.0063	0.9992
400	32	1.5	0.0085	0.9991
400	43	0.5	0.0155	0.9990
400	43	1.5	0.0102	0.9913
400	53	0.5	0.0150	0.9557
400	53	1.5	0.0147	0.9964
750	32	0.5	0.0148	1.0000
750	32	1.5	0.0089	0.9902
750	43	0.5	0.0184	0.9999
750	43	1.5	0.0053	0.9988
750	53	0.5	0.0197	0.9812
750	53	1.5	0.0172	0.9471

Tableau V-4 : Valeurs des constantes d_p du raisin et des coefficients de détermination.

On constate qu'il n'existe pas de corrélation entre d d'une part et la vitesse et la température de l'air d'autre part. Les valeurs de d fluctuent autour d'une valeur moyenne. Les valeurs de d éloignées de la valeur moyenne (marquées en gris dans les Tableaux V-3 et V-4) ne sont pas prises en compte dans le calcul. Les corrélations $D(X)$ sont déterminées en considérant la moyenne des valeurs de d.

La corrélation $D_\pi(X)$ obtenue pour le piment est la suivante :

$$D_\pi(X) = 0.0035 \; 10^{-6}(X-X_{eq}) \qquad (V.8)$$

La corrélation $D_\rho(X)$ obtenue pour le raisin est la suivante :

$$D_\rho(X) = 0.0124 \; 10^{-6}(X-X_{eq}) \qquad (V.9)$$

Dans le Tableau V-5 nous présentons les valeurs et les expressions des coefficients C et D de l'eau, du piment et du raisin à la température de l'air T=315°K. L'existence du terme $(X-X_{eq})$ dans les expressions de C et D du piment et du raisin ne permet pas de réaliser une comparaison conforme avec les valeurs trouvées pour l'eau. On constate que les pentes dans les coefficients $C_\rho(X)$ et $D_\rho(X)$ du raisin sont respectivement supérieures à celles des coefficients $C_\pi(X)$ et $D_\pi(X)$ du piment. Il paraît que ceci est dû à la longue durée de séchage du raisin par rapport au temps de séchage du piment et que les deux produits agroalimentaires présentent des morphologies d'aspects différents.

Coefficients de proportionnalités	C (s.m^{-1})	D (s^2.m^{-2})
Eau	$C_{eau}=6\ 10^{-8}$	$D_{eau}=6,85\ 10^{-8}$
Piment	$C_\pi(X)=0,115\ 10^{-8}(X-X_{eq})$	$D_\pi(X)=0,35\ 10^{-8}(X-X_{eq})$
Raisin	$C_\rho(X)=0,194\ 10^{-8}(X-X_{eq})$	$D_\rho(X)=1,24\ 10^{-8}(X-X_{eq})$

Tableau V-5 : Valeurs et expressions des coefficients C et D a la température T=315°K

V-2-2 Vérification du Modèle

Les corrélations *C(X)* et *D(X)* obtenues pour le piment et le raisin, ont été introduites respectivement dans l'Eq.(V.1). Ensuite, cette dernière a été résolue numériquement par la méthode de Runge-Kutta à l'ordre 4. Afin de vérifier le modèle à C.C., les courbes théoriques sont établies pour les mêmes conditions des essais effectués au laboratoire. Nous présentons sur les figures V-3 et V-4 les résultats de simulation des cinétiques de séchage respectivement pour le piment et le raisin.

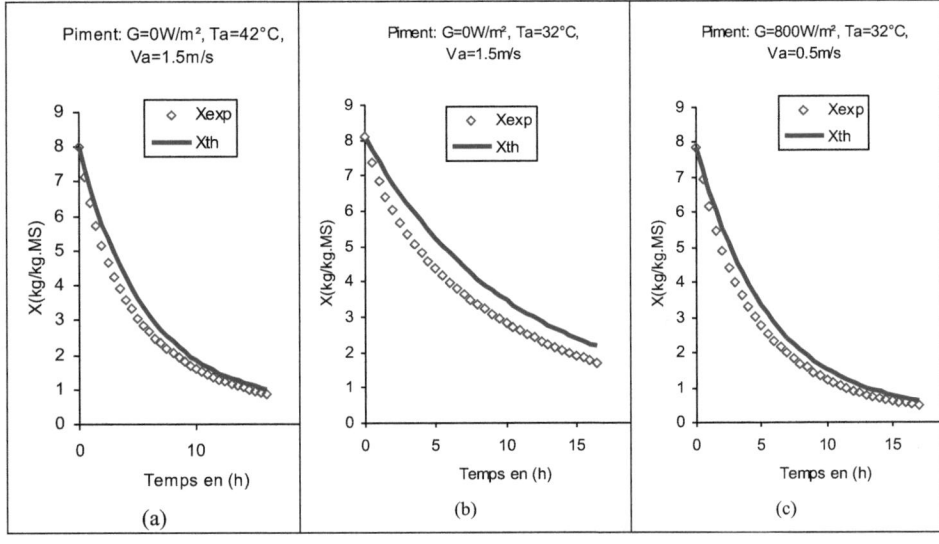

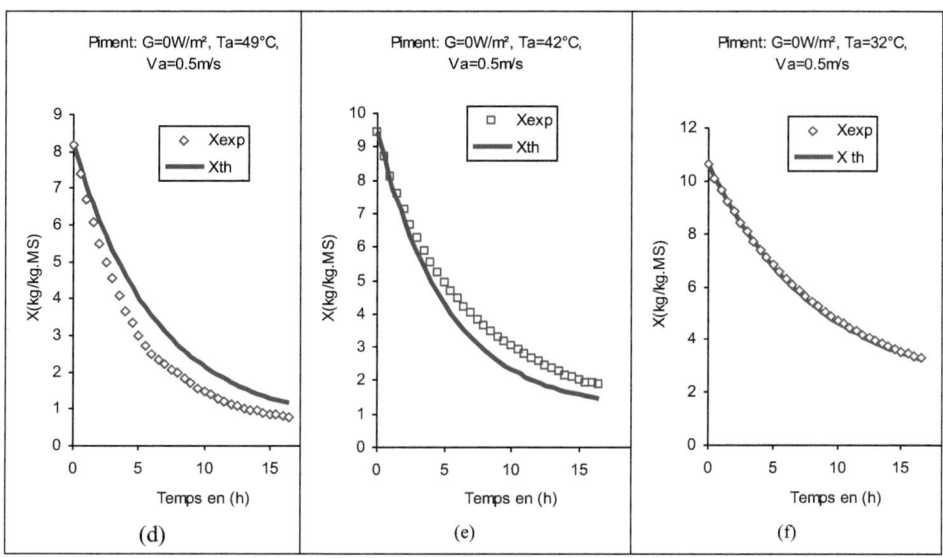

Figure V-3: Résultats de simulation des cinétiques de séchage du piment au laboratoire

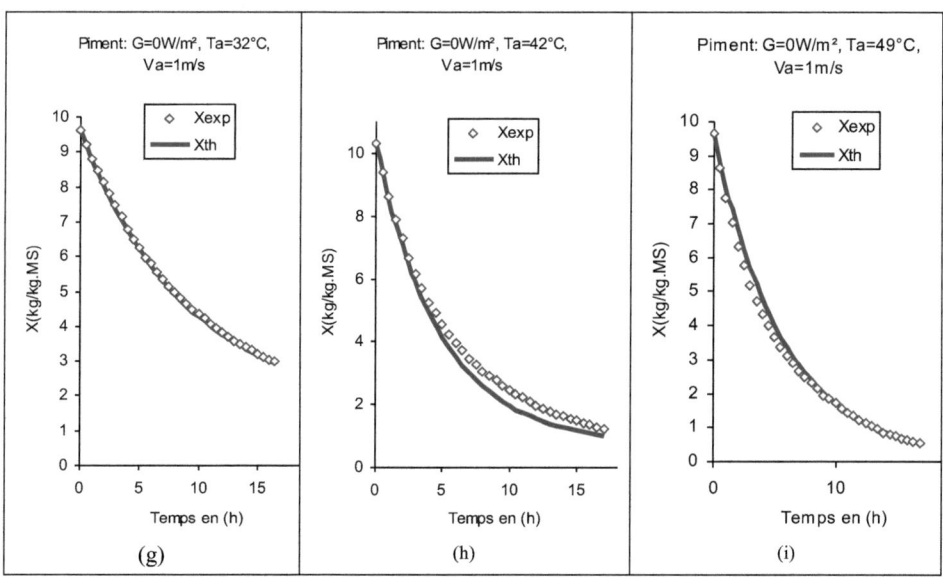

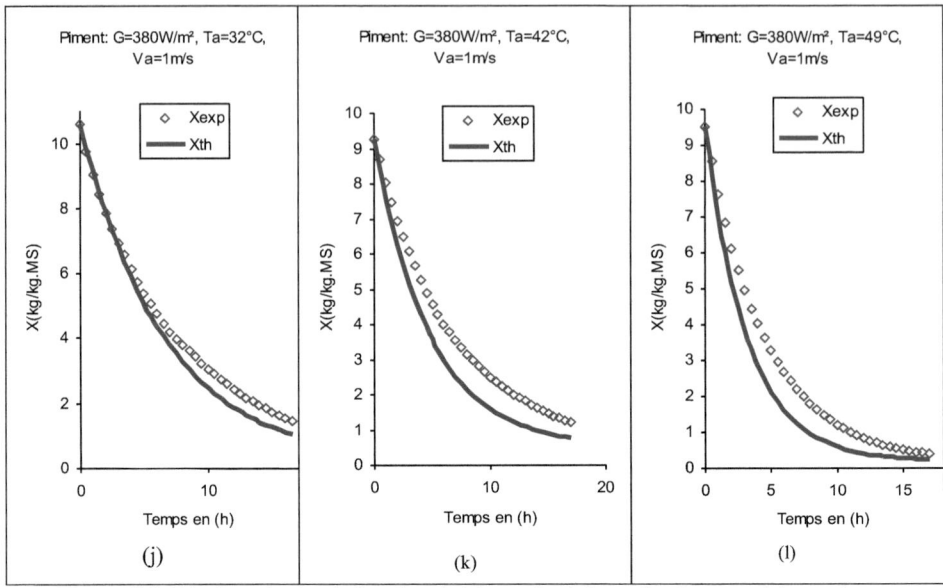

Figure V-3: Résultats de simulation des cinétiques de séchage du piment au laboratoire

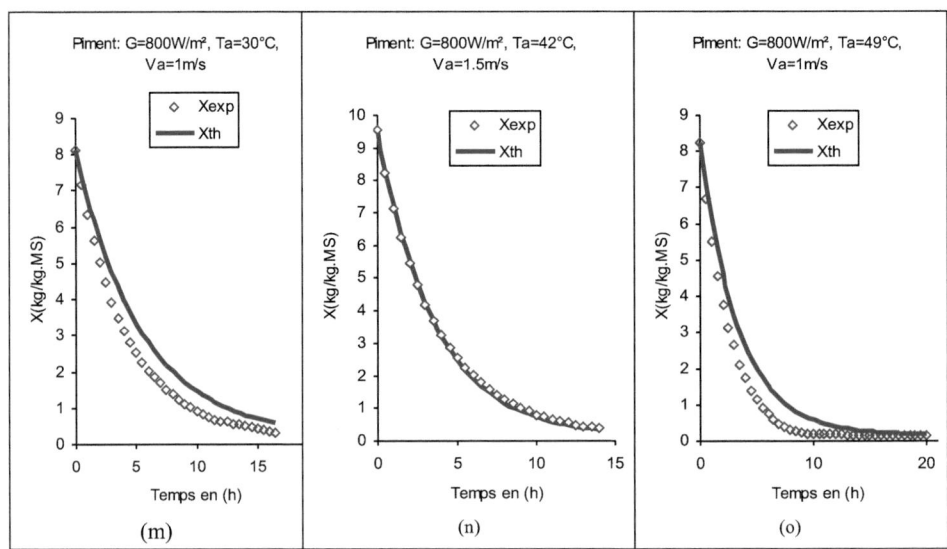

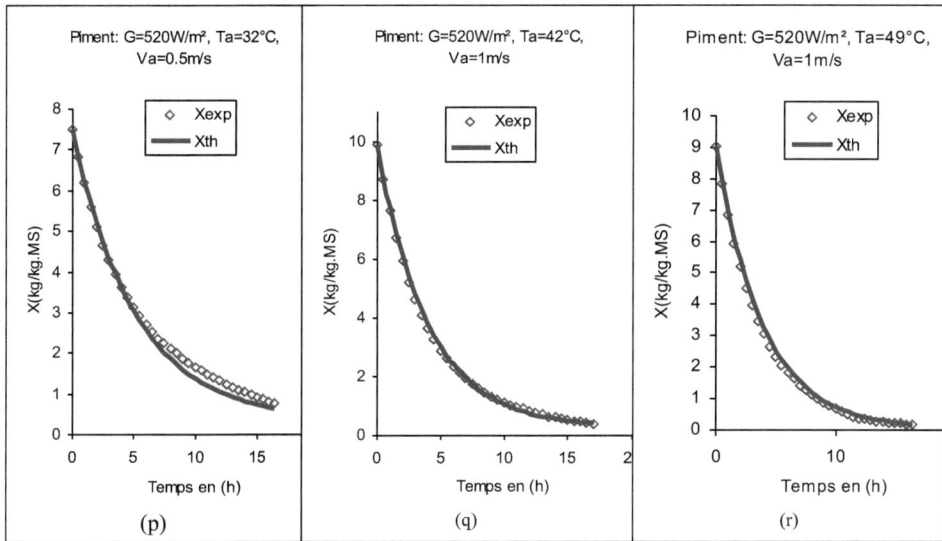

Figure V-3: Résultats de simulation des cinétiques de séchage du piment au laboratoire

La précision du modèle à C.C. élaboré est évaluée en comparant les cinétiques expérimentales et calculées pour les dix-huit essais effectués respectivement sur le piment et le raisin. Le coefficient de détermination R^2 et le coefficient qui-carré χ^2 sont utilisés pour évaluer la consistance du modèle. Les résultats des analyses statistiques pour le piment et le raisin sont présentés respectivement dans les Tableaux V-6 et V-7. Le modèle donne des valeurs élevées de R^2 (proches de 1) et des faibles valeurs de χ^2 pour douze simulations parmi les dix-huit, aussi bien pour le piment que le raisin. Le modèle établi peut être considéré comme satisfaisant pour représenter le séchage à C.C. aussi bien du piment rouge que du raisin pour une gamme assez étendue de température et de vitesse de l'air, et du rayonnement incident.

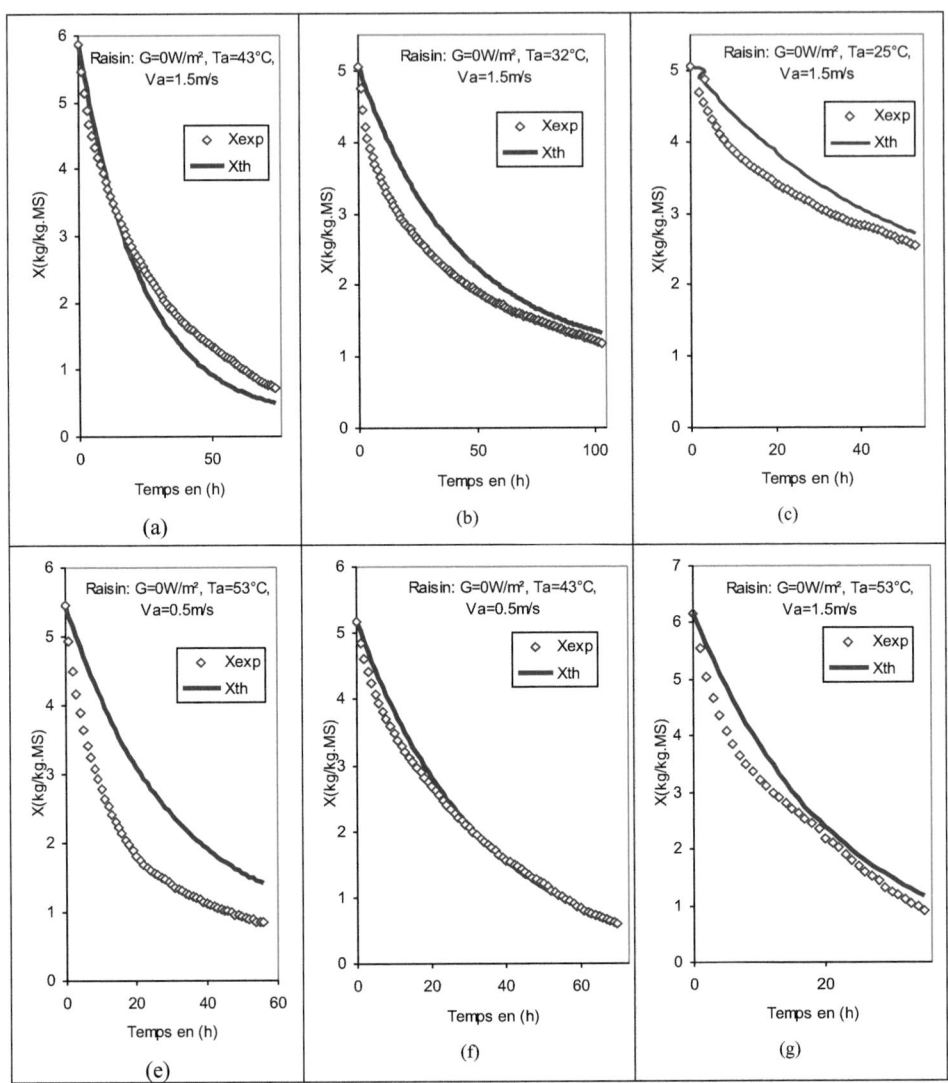

Figure V-4: Résultats de simulation des cinétiques de séchage du raisin au laboratoire

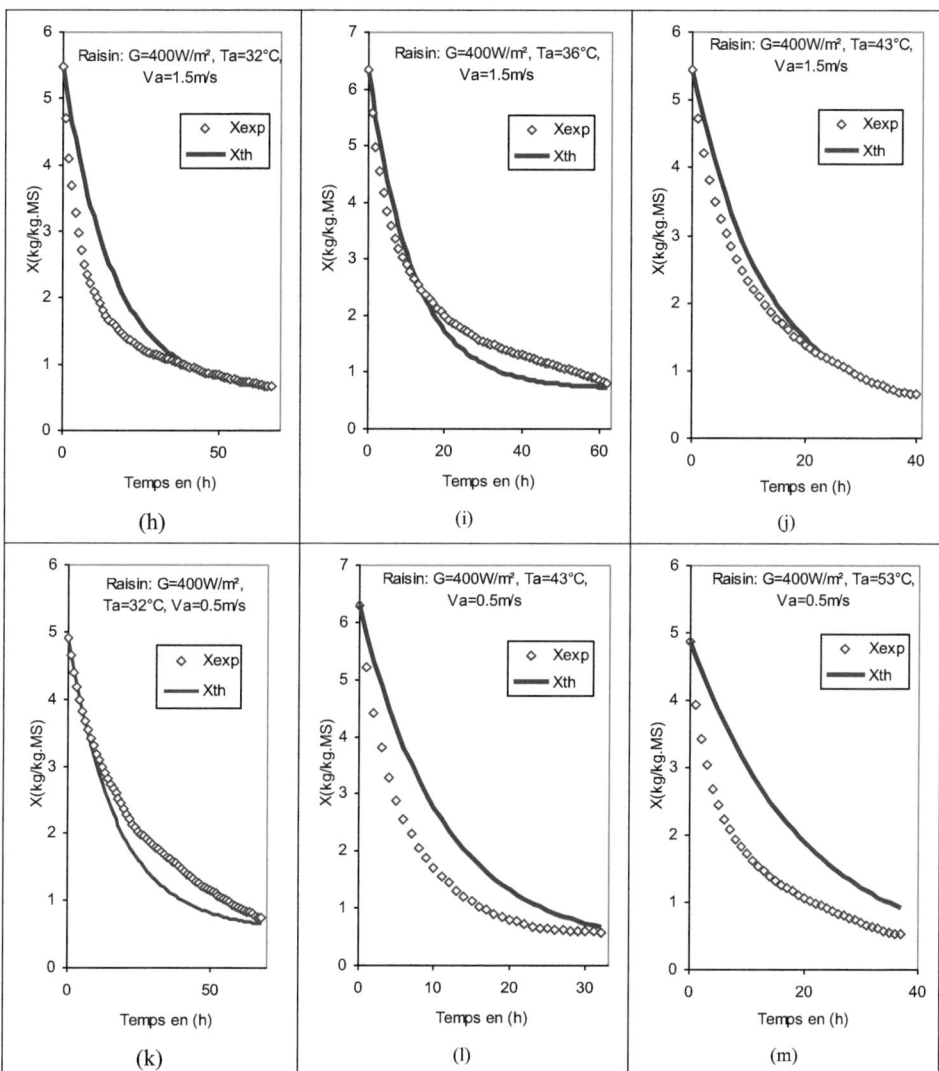

Figure V-4: Résultats de simulation des cinétiques de séchage du raisin au laboratoire

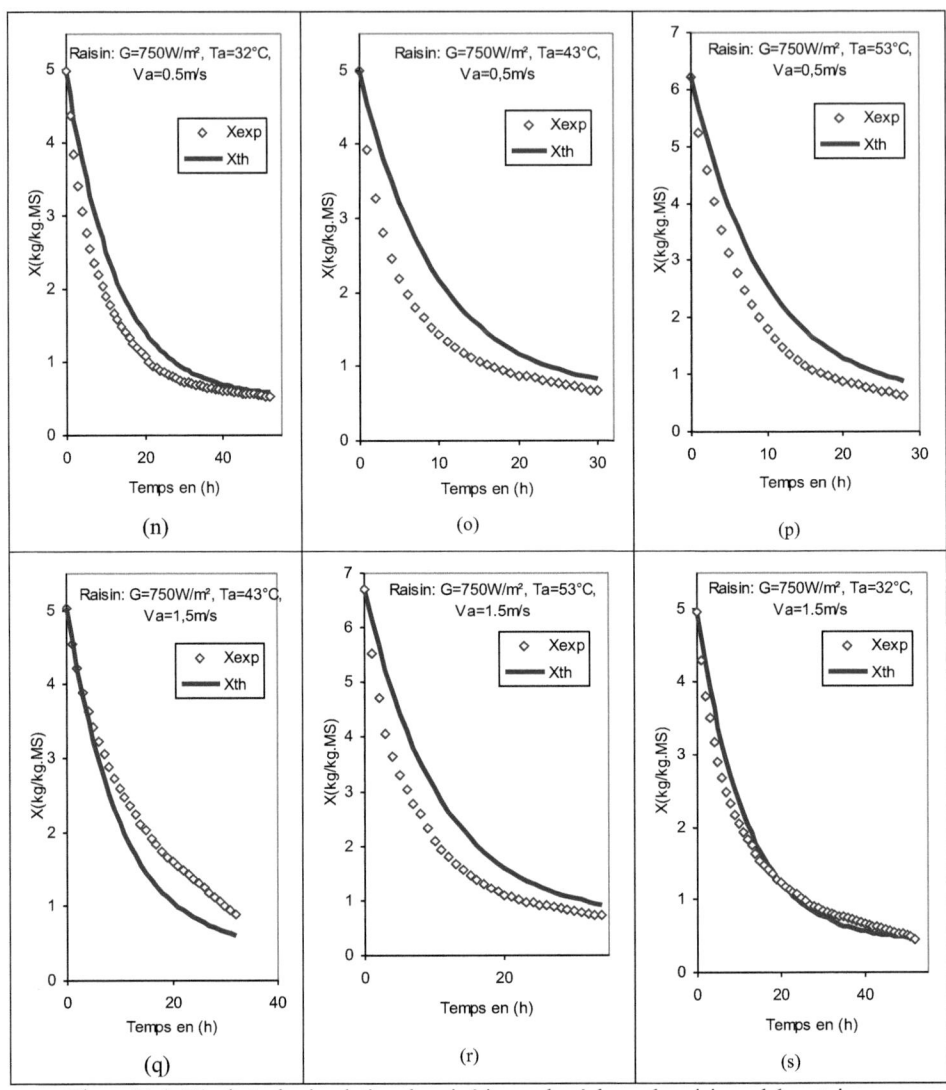

Figure V-4: Résultats de simulation des cinétiques de séchage du raisin au laboratoire

G(W/m²)	T_a(°C)	V_a(m/s)	R^2	χ^2	G(W/m²)	T_a(°C)	V(m/s)	R^2	χ^2
0	32	0.5	0.9999	0.007	380	42	1.0	0.9835	0.977
0	32	1.0	0.9999	0.005	380	49	1.0	0.9998	0.003
0	32	1.5	0.9906	0.441	520	32	1.0	0.9985	0.048
0	42	0.5	0.9950	0.332	520	42	1.0	0.9995	0.022
0	42	1.0	0.9984	0.148	520	49	1.0	0.9968	0.097
0	42	1.5	0.9922	0.156	800	32	0.5	0.9949	0.174
0	49	0.5	0.9856	0.482	800	32	1.0	0.9891	0.343
0	49	1.0	0.9972	0.057	800	32	1.5	0.9989	0.030
380	32	1.0	0.9981	0.318	800	42	1.5	0.9992	0.025

Tableau V-6 : Consistance du modèle de simulation du séchage du piment au laboratoire

G(W/m²)	T_a(°C)	V_a(m/s)	R^2	χ^2	G(W/m²)	T_a(°C)	V(m/s)	R^2	χ^2
0	32	0.5	0.9399	0.408	400	43	1.5	0.9911	0.073
0	32	1.5	0.9819	0.181	400	53	0.5	0.9213	0.868
0	43	0.5	0.9968	0.025	400	53	1.5	0.9108	0.745
0	43	1.5	0.9945	0.102	750	32	0.5	0.9780	0.130
0	53	0.5	0.9394	0.992	750	32	1.5	0.9917	0.040
0	53	1.5	0.9850	0.179	750	43	0.5	0.9474	0.349
400	32	0.5	0.9815	0.118	750	43	1.5	0.9853	0.275
400	32	1.5	0.9374	0.289	750	53	0.5	0.9805	0.342
400	43	0.5	0.9525	0.575	750	53	1.5	0.9716	0.469

Tableau V-7 : Consistance du modèle de simulation du séchage du raisin au laboratoire.

V-3 Modèle de séchage à conditions variables (modèle à C.V.)

Pour valider le modèle de simulation, les conditions expérimentales de séchage en plein air, sous serre et dans le séchoir, présentées dans le chapitre précédent pour le piment et le raisin, sont utilisées comme entrées de ce modèle. Nous présentons sur les figures V-5 à -10 les cinétiques de séchage en plein air, sous serre et dans le séchoir, calculées et mesurées pour le piment et le raisin. La comparaison entre ces courbes, calculées et mesurées, montre la non concordance entre les résultats expérimentaux, obtenus sous serre et en plein air, et ceux donnés par le modèle à C.C. Le modèle à C.C. surestime le processus de séchage sous conditions variables.

Les résultats des analyses statistiques pour le piment et le raisin sont présentés dans le Tableaux V-8. Le modèle donne des valeurs élevées de χ^2. La différence entre le temps de séchage calculé et mesuré, pour le piment, est de 36 heures en plein air, 20 heures sous serre et 2 heures dans le séchoir. Cet écart, pour le raisin, est de 106 heures en plein air, 83 heures sous serre et 16 heures dans le séchoir.

Produit	Procédé	R^2	χ^2
Piment	Air libre	0.9554	0.776
	Serre	0.9668	0.895
	Séchoir	0.9694	0.176
raisin	Air libre	0.762	2.218
	Serre	0.895	1.206
	Séchoir	0.9834	0.045

Tableau V-8 : Consistance du modèle de simulation du séchage à conditions variables.

Ce modèle n'est donc pas satisfaisant. Le modèle établi pour le séchage à conditions constantes ne prédit pas correctement le séchage sous conditions variables à cause de l'opération de séchage qui présente une inertie à la variation des paramètres externes tel que la température de l'air et l'irradiation solaire. Ce modèle néglige la réponse du produit et suppose que les cinétiques de séchage adaptent et changent leurs comportements instantanément avec la variation des paramètres extérieurs. En fait, le produit ne présente pas une réaction instantanée à la variation des conditions de séchages et met plus de temps pour sécher en comparaison avec les résultats du modèle établi pour le séchage à conditions constantes. Le phénomène d'inertie a été étudié expérimentalement par Fohr et al (1990), par Bouaziz (2000) et numériquement par Bennamoun et Belhamri (2006) pour les raisins. Pour obtenir une bonne concordance entre l'expérience et la théorie, on est amené à introduire dans le modèle un facteur de correction τ pour tenir compte du temps nécessaire pour que les cinétiques de séchage rejoignent les valeurs correspondantes aux nouvelles conditions de séchage suite à la variation des paramètres extérieurs.
l'Eq. (V.1) devient alors :

$$\frac{dX}{dt} = -\frac{\tau A}{m_s}[C(X)(P_{v,s} - P_v) + D(X)G] \qquad (V.10)$$

Une valeur du facteur de correction est obtenue, pour chaque expérience, en utilisant la procédure suivante :
- Le modèle est initialement exécuté, avec $\tau < 1$ arbitrairement estimé.
- Les cinétiques, calculée et mesurée, sont comparés en utilisant le coefficient de détermination R^2 et le coefficient chi-carré χ^2.
- La valeur de τ est modifiée jusqu'à obtenir la valeur la plus élevée de R^2 et la valeur la plus faible de χ^2.

Les résultats obtenus par la procédure susmentionnée ainsi que le rapport entre la durée de séchage simulée par le modèle à C.C. et la durée de séchage mesurée sont présentées pour le piment et le raisin dans le Tableau V-9. Nous constatons que le facteur de correction τ correspond approximativement à ce rapport et peut être traduit comme un temps de réponse cumulé du produit aux variations des paramètres externes. Les performances du modèle à C.V. pour le séchage en plein air, sous serre et dans le séchoir sont illustrées sur les Figures V-5 à V-10. Ainsi, une bonne concordance entre les résultats expérimentaux et numériques est établie avec le modèle à conditions variables.

Produit	Procédé	τ	R^2	χ^2	t_{sim}/t_{mes}
Piment	Air libre	0.66	0.9887	0.079	0.69
	Serre	0.72	0.9928	0.057	0.72
	Séchoir	0.99	0.9693	0.178	≈ 1
raisin	Air libre	0.28	0.9809	0.0228	0.28
	Serre	0.43	0.9909	0.0171	0.43
	Séchoir	0.93	0.9853	0.0323	0.93

Tableau V-9 : Consistance du modèle de simulation du séchage à conditions variables.

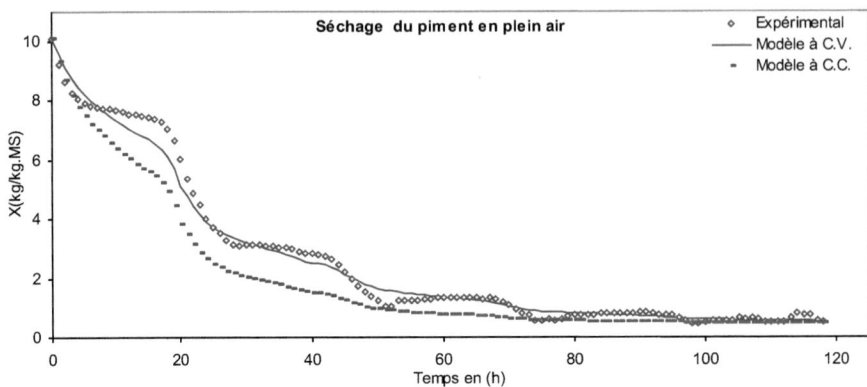

Figure V-5 : Cinétiques de séchage du piment en plein air, calculées (modèle à C.C. et modèle à C.V.) et mesurée.

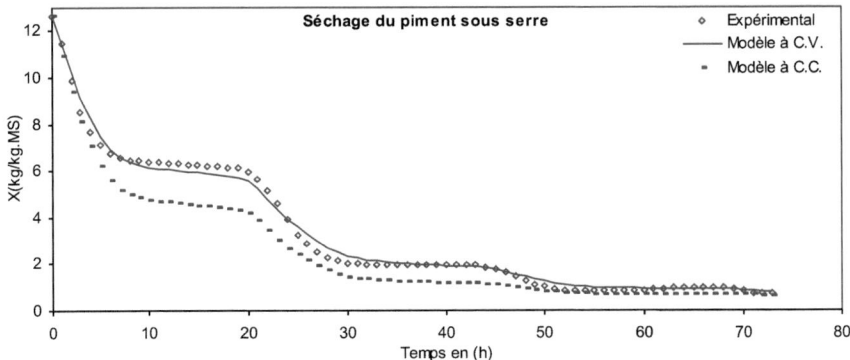

Figure V-6 : Cinétiques de séchage du piment sous serre, calculées (modèle à C.C. et modèle à C.V.) et mesurée.

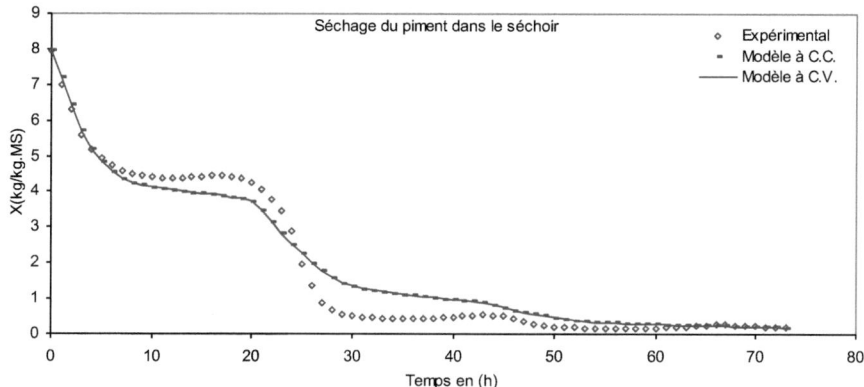

Figure V-7 : Cinétiques de séchage du piment dans le séchoir, calculées (modèle à C.C. et modèle à C.V.) et mesurée.

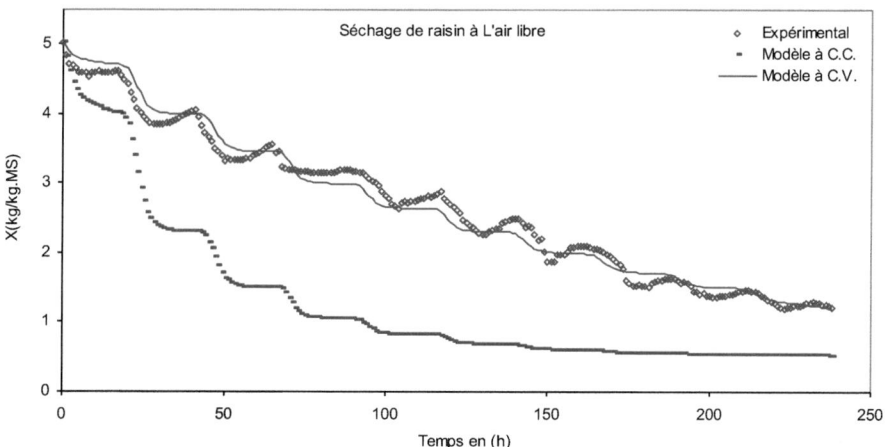

Figure V-8 : Cinétiques de séchage du raisin à l'air libre, calculées (modèle à C.C. et modèle à C.V.) et mesurée.

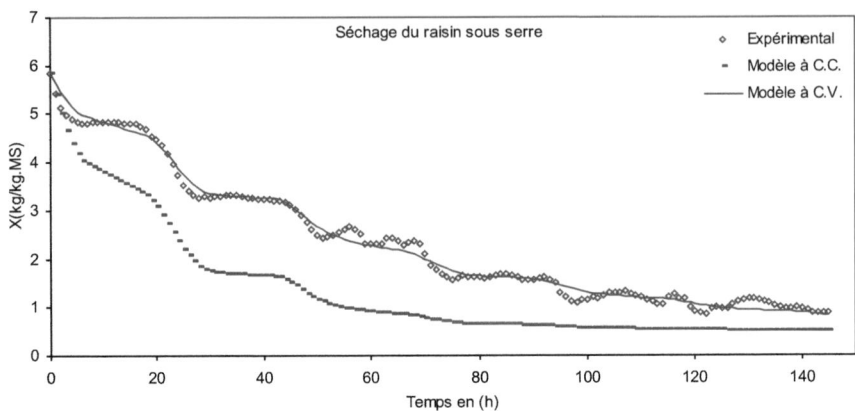

Figure V-9 : Cinétiques de séchage du raisin sous serre, calculées (modèle à C.C. et modèle à C.V.) et mesurée.

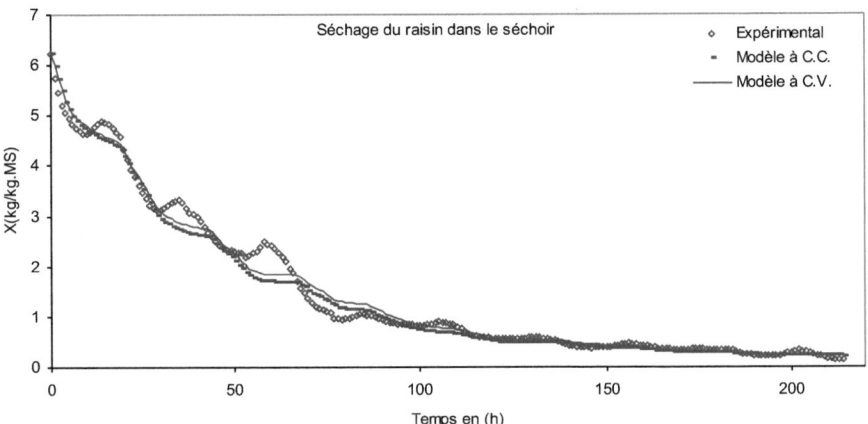

Figure V-10 : Cinétiques de séchage du raisin dans le séchoir, calculées (modèle à C.C. et modèle à C.V.) et mesurée.

V-4 Conclusion

La validation du modèle avec les cinétiques expérimentales réalisées au laboratoire du piment rouge et du raisin est satisfaisante. Ce modèle peut être considéré comme conforme pour représenter le séchage combiné (convectif -radiatif) à conditions constantes aussi bien du piment rouge que du raisin pour une gamme assez étendue de température et de vitesse de l'air, et du rayonnement. Toute fois, le modèle ainsi établi pour le séchage à conditions constantes ne prédit pas convenablement le séchage sous conditions variables car l'opération de séchage présente une inertie à la variation des paramètres externes tel que la température de l'air et l'irradiation solaire.

Pour adapter les prédictions du modèle sous des conditions variables, une amélioration de ces résultats est possible moyennant un facteur de correction, introduit dans le modèle pour tenir compte du temps nécessaire pour que les cinétiques de séchage rejoignent les valeur correspondantes aux nouvelles conditions de séchage suite à la variation des paramètres extérieurs. Le modèle adapté aux conditions variables décrit correctement les cinétiques de séchage d'une couche mince de piment rouge et du raisin, respectivement en plein air, sous serre et dans un séchoir solaire.

CONCLUSION GENERALE

Cette étude est consacrée au séchage combiné (convectif-radiatif) de trois produits agroalimentaires (le piment rouge type « Baklouti », le raisin varieté « sultanine » et la tomate) sous des conditions variables et non contrôlées. Cette étude est abordée par deux approches différentes et complémentaires :
- par une série de mesures expérimentales ;
- par une approche *semi-empirique* visant à modéliser les cinétiques de séchage des produits agroalimentaires lors du séchage combiné au laboratoire (séchage à conditions constantes) et à adapter cette méthode de prévision sous serre, en plein air et dans un séchoir solaire.

Les résultats des essais expérimentaux réalisés au laboratoire ont permis de constater qu'on a une seule phase à vitesse décroissante et que la température de l'air et l'intensité du rayonnement sont les paramètres les plus influents sur l'opération de séchage.

La température de l'air agit d'une part sur le pouvoir évaporateur de l'air et d'autre part sur la température du produit à travers le flux de chaleur apporté par l'air. L'augmentation du pouvoir évaporateur de l'air se traduit par la diminution de l'humidité relative : le terme moteur de l'évaporation de l'eau à la surface du produit étant la différence de pression de vapeur d'eau entre la surface du produit et l'air. L'accroissement de la température du produit non seulement modifie l'activité de l'eau mais exerce aussi une influence sur le coefficient de diffusion de l'humidité et dans une moindre mesure sur son enthalpie de vaporisation.

L'intensité du rayonnement agit directement sur la température du produit à travers le flux de chaleur apporté par rayonnement qui favorise ainsi les transferts internes de masse. La vitesse de l'air séchant a peu d'effet sur les cinétiques de séchage. Elle agit sur la température du produit à travers le flux de chaleur apporté par l'air et favorise respectivement défavorise les transferts internes de masse suivant que la température du produit est inférieure ou supérieure à celle de l'air.

Les résultats des essais expérimentaux réalisés à l'air libre, sous la serre et dans le séchoir ont permis de constater que les cinétiques de séchage sont caractérisées par des arrêts de séchage pendant la nuit. Au cours de ces arrêts de séchage, nous assistons à une relaxation des gradients internes de température et de teneur en eau du produit. Les températures et les teneurs en eau à l'intérieur du produit tendent à s'uniformiser. La teneur en eau à la surface du produit tend à augmenter à cause d'un afflux d'eau du centre vers la périphérie. Ceci entraîne alors une augmentation de l'activité de l'eau à la surface du produit ainsi qu'une diminution de la température. En outre, à la reprise au matin, les transferts de chaleur et de matière sont facilités. Les termes moteurs, différence de température ou différence de pression de vapeur d'eau entre la surface du produit et l'air deviennent plus importants qu'avant l'arrêt pendant la nuit. L'abaissement de la température du produit par rapport à celle de l'air, pendant la nuit, à pour effet d'inverser le terme moteur de matière, à savoir la différence de pression partielle de vapeur d'eau. Ceci entraîne une légère augmentation de la de la teneur en eau du produit pendant la nuit, discernable sur la cinétique de séchage du raisin.

Pour la modélisation du processus de séchage combiné à conditions variables, nous avons adopté une nouvelle approche *semi-empirique* qui repose sur la théorie de l'évaporation de l'eau. Cette approche nous a permis une meilleure compréhension du phénomène de séchage à travers la détermination des conductances internes $C(X)$ et $D(X)$.

La vérification du modèle élaboré montre une bonne concordance avec les résultats expérimentaux établis au laboratoire. Le modèle établi peut être considéré comme satisfaisant pour représenter le séchage combiné à conditions constantes aussi bien du piment rouge que du raisin pour une gamme assez étendue de température et de vitesse de l'air, et du rayonnement. Par contre, ce modèle qui est établi pour le séchage à conditions constantes ne prédit pas correctement le séchage sous conditions variables car l'opération de séchage présente une inertie à la variation des paramètres externes tel que la température de l'air et l'irradiation solaire.

Pour ajuster les prédictions du modèle sous des conditions variables, un facteur de correction a été introduit dans le modèle pour tenir compte du temps nécessaire pour que les cinétiques de séchage rejoignent les valeur correspondantes aux nouvelles conditions de séchage suite à la variation des paramètres extérieurs. Le facteur de correction correspond approximativement au rapport entre la durée de séchage simulée par le modèle à conditions constantes et la durée de séchage mesurée et peut être traduit comme un temps de réponse cumulé du produit aux variations des paramètres externes. Le modèle adapté aux conditions variables décrit correctement les cinétiques de séchage d'une couche mince de piment rouge et du raisin, respectivement en plein air, sous serre et dans un séchoir solaire.

La méthodologie adoptée dans cette étude peut être appliquée à différents produits agricoles. Le modèle établis permet l'étude et la simulation des séchoirs solaires de type serre.

REFERENCES BIBLIOGRAPHIQUES

Akpinar,E. K., Bicer,Y., et Yildiz, C. (2003). Thin layer drying of red pepper. Journal of Food Engineering, 59, 99-104.

(A.S.A, 2004). : Annulaire des Statiques Agricoles, (2004), Novembre 2005, République Tunisienne Ministère de l'Agriculture, de l'Environnement et des Ressources Hydrauliques, Tunisie.

(A.S.A, 1989). : Annulaire des Statiques Agricoles,(1989),Novembre 1990, République Tunisienne Ministère de l'Agriculture.

Azouz.S,(1999),Etude des phénomènes de transfert de Chaleur et de Masse dans les milieux poreux au cours du séchage. Application aux produits agro alimentaires, Faculté des Sciences de Tunis, Tunisie.

Azouz. S., Guizani, A., Jomaa. W. et Belghith. A. (2002). Moisture diffusivity and drying kinetic equation of convective drying of grapes. Journal of food engineering, 55, 323-330

Babbit, J. D. (1950). On the differential equation of diffusion, Canadian Journal of Research, Section A, Physical Sciences, 18, pp. 419-474.

Belhamidi, E., Belguit, A., Mrani, A., Mir, A., Kaoua, M. (1993). Approche expérimentale de la cinétique du séchage des produits agroalimentaires, Application aux peaux d'orange et à la pulpe de betterave, Revue Générale de Thermique, 380-381, pp. 444-452.

Bennamoun, L., & Belhamri, A. (2006). Numerical simulation of drying under variable external conditions: Application to solar drying of seedless grapes. Journal of Food Engineering, 76(2), 179-187.

Bimbinet.J.J, (1969). Les transferts de chaleur et de matière au cours du séchage des solides par l'air chaud, Thèse de Docteur-Ingénieur de la Faculté des Sciences de l'Université de Paris, Paris, France.

Bimbinet.J.J, (1984). Le séchage dans les industries agricoles et alimentaires, Cahier du Génie Industriel Alimentaires (GIA), SEPAIC, Paris.

Bouaziz.N, (1993), Etude des cinétiques de séchage des produits agro-alimentaires caractérisation thermique d'un séchoir, D.E.A Faculté des Sciences de Tunis, Tunisie.

Bouaziz, N., (2000). Modélisation dynamique et étude expérimentale du séchage en conditions variables, Thèse de doctorat en physique, Faculté des Sciences de Tunis, Tunisie.

Daud, W.R.W., Sarker, M.N.H., Talib, M.Z.M. (1996a).Characteristic drying curves and desorption isotherms of Malaysian paddy, Drying' 96, vol. B, Poland, pp.897-904.

Daud, W.R.W., Talib, M.Z.M., Ibrahim, M.H. (1996b).Characteristic drying curves of cocoa beans, Drying Technology, 14(10), pp. 2387-2396.

Desmorieux, H., Moyne, C. (1992). Analysis of dryers performance for tropical foodstuffs using the characteristic drying curve concept, in Drying' 92, vol. A, A.S. Mujumdar (ed), pp.834-843.

Fadhel, A., Kooli, S., Farhat, A., A. Belghith, A. (2005). Study of the solar drying of grape by three different processe. Journal of Desalination Vol 185, pp: 535-541.

Fadhel, A., Kooli, S., Farhat, A., A. Belghith, A. (2001). Etude de séchage du piment rouge sous serre. JITH Septembre (2001).

Farhat, A., Kooli, S., Kerkeni, C., Maalej, M., Fadhel, A., et Belghith, A. (2004).Validation of a pepper drying model in a polyethylene tunnel greenhouse. International journal of thermal sciences, 43(1).

Fohr, J. P., Arnaud, G., Ali Mohamed, A., et Benmoussa, H. (1990). Validity of drying kinetics. In A. S. Mujumdar & M. A. Roques (Eds.), Drying 89 (pp. 269-275). New York: Hemisphere Publishing.

Fotso, P.J., Lecomte, D., Pomathios, L.Nganhou, J. (1994). Convective drying of cocoa beans: drying curves for various external conditions, in Drying' 94, vol. B, A.S. Mujumdar (ed), pp.841-848.

Fornell, A. (1979). Séchage de produits biologiques par l'air chaud – Calcul de séchoirs. Thèse de Docteur-Ingénieur de l'Ecole Nationale Supérieure des Industries Agricoles et Alimentaires de Massy, Massy, France.

Fornell, A., Bimbinet, J.J., & Amin, Y. (1980). Experimental study and modelization for air drying of vegetable products. Lebensur. Wist. U. Technol., 14, 96-100.

Fortes M., Okos M.R.(1980). Drying theories: their bases and limitations as applied to foods and grains. In: Advances in Drying vol. 1 Mujumdara. S (ed), Hemisphere publishing Coporation, Washington, 119-154.

Fortes, M. Odos, M. R. Barrett, J. R. (1981). Heat and mass transfer analysis of intrakernel wheat drying and rewetting, Jounal of Agricultural Engineering Research, 26, pp. 109-125

Fisher E. A. (1935). Some fundamental principles of drying. Journal Soc. Chem. Ind., 54, 343-348.

Ghrairi. M, (1990), Contribution à l'étude du séchage solaire des piments, Mémoire de fin d'études, E.S.I.A.T, Tunisie.

Hawlader, M.N.A., Uddin, M.S., Ho, J.C., Teng, A.B.W. (1991). Drying characteristics of tomatoes, Journal of Agricultural Engineering Research, 13, pp. 87-95.

Houggen, O.A., Mac Cauley,H.J., Marshall,J.R. (1940). Limitation of diffusion equation in drying, Transactions of the American Institute of Chemical Engineering (AIChE), 36,2, pp.183-206. Cité par Bimbinet (1969).

Jain, G., et Tiwari, G. N.(2004a). Effect of greenhouse on crop drying under natural and forced convection I. Evaluation of convective mass transfer coefficient. Energy Conversion and Management, 45, 765-783.

Jain, G., et Tiwari, G. N.(2004b). Effect of greenhouse on crop drying under natural and forced convection II: Thermal modelling and experimental validation. Energy Conversion and Management, 45, 2777-2793.

Kaymak-Ertekin, F. (2002). Drying and rehydrating kinetics of green and red peppers. Journal of Food Science, 67(1), 168-175.

Kechaou, N., Azzous, S., Maalej, M., Belguith, A. (1993). Obtention de la courbe caracteristique de séchage de la banane, dans Actes des 6èmes Journées Internationales de l'Energie Thermique (JITH'93), Egypte, pp. 481-487.

Kechaou, N., Maalej, M. (1994). Evalution of diffusion coefficient in the case of banana drying, in Drying, 94 vol. A, A.S. Mujumdar (ed), pp. 841-848.

Kechaou, N., Bagané, M., Maalej, M., Kapseu, C. (1996). Approche empirique de la cinétique du séchage des dates, Sciences des aliments, 16, pp. 593-606.

Kechaou, N., Maalej, M., (1999b). A simplified model for determination of moisture diffusivity of data from experimental drying curves, dans Actes des 9èmes Journées Internationales de l'Energie Thermique (JITH'99), thème3 Bruxelles (Belgique), pp.141-151.

Kechaou, N., Maalej, M., (2000a). A simplified model for determination of moisture diffusivity of data from experimental drying curves, Drying Technology, 18(4 et 5), pp. 1109-1125.

Kechaou, N. (2000). Etude théorique et expérimentale du processus de séchage de produits agroalimentaires., Thèse de Docteur és-Sciences Physique, la Faculté des Sciences de Tunis, Tunisie.

King, G. (1945). Permeability of keratin membranes to water vapour, Transaction Faraday Society, 41, 8 & 9, pp.479-487 Cité par Fornell (1979).

Kiranoudis, C.T.,Maroulis, Z.B., Marinos Kouris, D. (1992a). Model selection in air drying of foods, Drying Technology, 10(4), pp. 1097-1106.

Kiranoudis, C.T.,Maroulis, Z.B., Marinos-Kouris, D. (1992b). Drying kinetics of onion and green pepper, Drying Technology, 10(4), pp. 995-1011.

Kiranoudis, C.T.,Maroulis, Z.B., Marinos Kouris, D. (1995). Heat and mass transfer model building in drying with multiresponse data, International Journal of heat and Mass Transfer, 38(3) pp. 463-480.

Krischer, O. "Die Wissenschaftlichen Grundlagen der Trocknungstechnik, Spriger Verlag". Traduction francaise du CETIAT, Lyon, France.

Laguerre J. C. (1986). Influence de l'histoire du produit sur la cinétique de séchage : Variation de l'humidité de l'air. Thèse de doctorat de l'ENSIA, Massy France

Laguerre J. C. (1991). Modélisation du séchage en conditions variables : application de l'analyse compartimentale pour la simulation des régimes transitoires. Thèse de doctorat de l'Ecole Nationale Supérieure des Industries Agricoles et Alimentaires de Massy, Massy, France.

Laguerre, J. C., Lebert, A., Trystram, G., & Bimbenet, J. J. (1991). A compartmental model to describe drying curves of foodstuffs under variable conditions. In A. S. Mujumdar & I. Filková (Eds.) Drying 91 (pp. 361-368). Amesterdam, New York: Elsevier.

Lewicki, P.P., Witrowa-Rajchert, D., Nowak, D. (1998). Effect of drying mode on drying kinetics of onion, Drying Technology, 16(1&2), pp. 59-81.

Lewis W.K. (1921)- The rate of drying of solid materials. Journal of Industrial Engineering, 5(13), pp. 427-433, Cité par Bimbinet (1969)

Luikov A. V. (1975) – Systems of differential equations of heat and mass transfer in capillary porous bodies. Int. J. Heat Mass Transfer, 18, 1-14.

Mac Cready, D.W., Mac Cabe, W.L. (1933). The adiabatic air drying of hygroscopic solids, Transactions of the American Institute of Chemical Engineering (AIChE), 29, pp. 131-159. Cité par Laguerre (1991).

Mourad, M., Hemati, M., Laguerie, C. (1996). A new correlation for the estimation of moisture diffusivity in corn kernels from drying kinetics, Drying Technology, 14(3&4), pp. 873-894.

Mujumdar, A. S. (1987). Handbook of industrial drying. New York: Marcel Dekker

Multon, J.L. (1980). L'état de liaison de l'eau dans les aliments, Colloque sur les problèmes fondamentaux de séchage, Bordeaux.

Nadeau J. P. et Puiggali J. R., (1995). Séchage des processus physiques aux procédés industriels, Technique et Documentation-Lavoisier, France.

Pangavhane D.R. et Sawhney R.L. (2002). Review of research and development work on solar driers for grape drying. Energy conversion and management, 43 (2002) 45-61.

Passamia, V., et Saravia, L. (1997a). RelationShip between a solar drying model of red pepper and the kinetics of pure water evaporation (I). Drying Technology, 15(5), 1419-1432.

Passamia, V., et Saravia, L. (1997b). RelationShip between a solar drying model of red pepper and the kinetics of pure water evaporation (II). Drying Technology, 15(5), 1433-1445.

Philip J. R., De Vries D. A.,(1957)- Moisture movement in porous materials under temperature gradients. Trans. Amer. Geophys. Union. 2(38), 222-232.

Ratti, C., & Mujundar, A. S. (1997). Solar drying of foods: modelling and numerical simulation. Solar Energy, 60, 151-157.

Ratti, C., Crapiste, G.H. (1992). A generalized drying curve for shrinking food materials, in Drying' 92, vol. A, A.S. Mujumdar (ed), pp.864-873.

Riva, M., Peri, C. (1983). Etude du séchage des raisins. Effet de traitements de modification de la surface sur la cinétique du séchage, Sciences des Aliments, vol.3 pp. 527-550.

Sacilik, K., Keskin, R., et Elicin, A. K. (2006). Mathematical modelling of solar tunnel drying if thin layer organic tomato. Journal of Food Engineering, 73(3), 231-238.

Salgado, M., Danzart. M., Binbinet J. J., Muchnick, J. (1988). Experimental stuy and modelisation for air drying of cassava and sugar beet pulp. 6 th International Drying symposium, Versailles, PC, 7-14.

Saravacos, G. D. Charm, S. E. (1962). A study of the mechanism of fruit and vegetable dehydration, Food Technology, 16, pp.78-81.

Saravacos, G.D., et Raouzeos, G.S. (1986). Diffusivity of moisture in air-drying of raisin, Proc. IDS '86, vol 2 pp. 487-491.

Sherwood T.K.(1929)- The drying of solids, Industrial and Engineering Chemistry, 1(21), pp. 12-16, Cité par Bimbinet (1969)

Toğrul, İ. T., et Pehlivan, D. (2004). Modelling of thin layer drying kinetics of some fruits under open-air sun drying process. Journal of Food Engineering, 65, 413-425.

Toğrul, İ. T., et Pehlivan, D. (2003). Modelling of drying kinetics of single apricot. Journal of Food Engineering, 58, 23-32.

Tunde-Akintunde, T. Y., Afolabi, T. J., et Akintunde, B. O. (2005). Influence of drying methods on drying of bell-pepper (Capsicum annuum). Journal of Food Engineering, 68, 439 442.

Van Brakel, J. (1980). Mass transfer in convective drying, in Advances in drying, vol. 1, A. S. Mujumdar (ed), Hemisphere Publishing corporation, Washington, pp. 217-267.

Vagenas, G.K., Marinos-Kouris, D. (1990). Thermal properties of raisin, Journal of Food Engineering, Vol 11 pp. 147-158.

Van Meel D. A. (1957)-Adiabatic convection batch drying with recirculation of air. Chem. Eng. Sci. 9, 36-44.

Whitaker S. (1977)- Simutaneous heat, mass and momentum transfer in porous media: A theory of drying. Advances in Heat Transfer. 13, 119-203. Acad. Press.

Zitoun.k, (1989), Contribution à l'étude de séchage du raisin, Mémoire de fin d'études, E.S.I.A.T

Annexe 1

PRESENTATION DES PRODUITS UTILISES

Notre étude a été faite sur trois produits différents qui sont le piment rouge, le raisin et la tomate. Ces trois produits sont des fruits locaux d'une grande importance économique en Tunisie.

I Présentation du piment

I-1 Evolution de la production du piment

Le piment est une plante importante par l'étendue de sa culture:

- la surface occupée par les abri-serres servant à la culture du piment est 570,5 ha pendant la campagne (1987-88) (A.S.A, 1989),
- sa consommation élevée au sein de la population tunisienne (voir les tableaux n°1 et n°2),
- son exportation est importante en valeur (tableau n°3).

Année	1995	1996	1997	1998	1999	2000	2001	2002	2003	2004
en 10^3 ha	16.7	20.1	23.0	21.0	19.7	17.6	18.5	18.9	19.9	20.3

Tableau n°1 / Evolution des superficies de piments (A.S.A, 2004).

Année	1995	1996	1997	1998	1999	2000	2001	2002	2003	2004
(10^3 tonnes)	150	190	186	189	185	190	214	242	247	255

Tableau n°2 / Evolution de la production de piment (A.S.A, 2004).

Année	1995	1996	1997	1998	1999	2000	2001	2002	2003	2004
Piment et poivrons (10^3 dinars)	20.8	13.0	23.5	49.6	3.0	28.5	9.8	18.2	21.2	16.2
Piment broyé ou moulus (10^3 dinars)	365.9	138.0	99.8	251.4	348.7	536.1	391.3	576.8	278.3	141.9

Tableau n°3 / Evolution des exportations de piment en valeur (A.S.A, 2004).

I-2 Caractères généraux

Les différentes espèces du piment se distinguent par leur type de développement (annuel ou vivace), par certains caractères morphologiques et par leur possibilité d'hybridation interspécifique. Dans de nombreux cas, l'identification des espèces est relativement difficile où plusieurs critères doivent être pris en considération pour aboutir à une conclusion. La figure intitulée «poivron : formes et couleurs» présente quelque variétés du piment (Figure -2).

I-3 Les différentes parties du piment

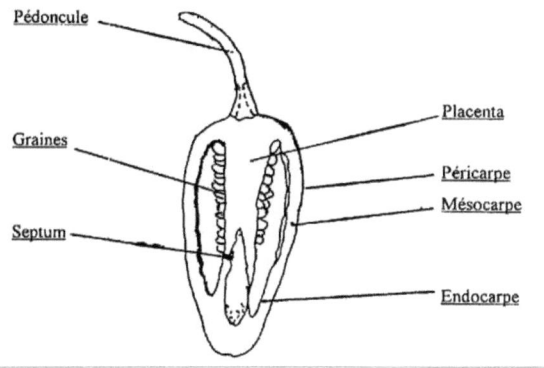

Figure -1 : Coupe longitudinale d'une gousse de piment

I-4 Séchage traditionnelle de piment en Tunisie

En Tunisie, la méthode traditionnelle de séchage du piment consiste à attacher les pédoncules des gousses de piment par un fil en formant une guirlande ou bien à découper longitudinalement ces gousses en deux tranches, après quoi elles sont mises à sécher au soleil. Il faut de plus les rentrer à chaque fois qu'il se met à pleuvoir, et de les ranger tous les soirs pour éviter les condensations nocturnes et leurs conséquences éventuelles. Le séchage au soleil du piment, prend environ 6 jours selon les conditions atmosphériques. Finalement les piments secs peuvent être commercialisés au marché ou broyées pour obtenir du piment moulu (Ghrairi, 1990).

POIVRON
formes et couleurs

Fig. 1. Mavras : les fruits sont violets au premier stade et deviennent rouges à maturité. Ils peuvent être récoltés violets ou rouges 20 jours plus tard.

Fruits cubiques (à section longitudinale quadrangulaire). Type «Yolo Wonder».

Fig. 3. Ariane : d'abord ◁ verts, les fruits deviennent orange à maturité.

Fig. 2. Luteus : les fruits ▷ verts au premier stade virent au jaune à maturité.

Fruits allongés (à section longitudinale rectangulaire). Type «Lamuyo».

Fig. 4. Mayata : les fruits sont verts au premier stade, puis rouges à maturité.

Fruits pointus (à section longitudinale triangulaire). Type «Corno di Toro».

Fig. 5. Alwin : ses fruits pointus jaune or deviennent orange à maturité.

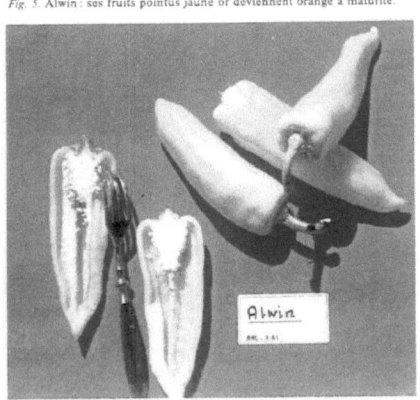

II Présentation du raisin

II-1 Evolution de la production du raisin

Le raisin sec est le fruit de la vigne, qu'on déshydrate à l'aide d'un procédé de séchage afin d'être utilisé comme aliment, surtout lorsqu'il présente une valeur nutritive importante et une grande quantité de calorie (3340 cal/kg) accumulée dans un volume réduit.

En plus d'une production locale traditionnelle du raisin sec (tableau n°4), la Tunisie importe presque la totalité de ces besoins (tableau n°5). Ce produit est proportionnellement coûteux pour le consommateur, empêche sa diffusion auprès de la population. Néanmoins, ses divers emplois dans la cuisine tunisienne et sa grande valeur énergétique, en font un élément important dans l'alimentation du tunisien.

Année	1995	1996	1997	1998	1999	2000	2001	2002	2003	2004
Raisin de cuve (10^3 tonnes)	40	33	46	43	54	57.5	60	38	35	52
Raisin de table (10^3 tonnes)	65	55	63	62	76	83	76	75	72	75

Tableau n°4 / Evolution de la production du raisin (A.S.A, 2004).

Année	1995	1996	1997	1998	1999	2000	2001	2002	2003	2004
en tonne	533.3	589.1	671.1	470.7	819.4	1413.4	960.9	761.4	939.7	612.1

Tableau n°5 / Evolution des importations du raisin sec (A.S.A, 2004).

II-2 Variétés et critères de valorisation

On utilise des variétés à double fin (consommation à l'état frais ou sec). L'absence de pépin est une caractéristique spécialement recherchée dans les cépages cultivés pour cette production. La peau de baies doit être mince ce qui facilite la dessiccation des raisins et donne une uniformité aux rides qui apparaissent sur les raisins secs. La haute quantité de sucres dissoute dans les baies, pendant la maturité, est demandée parce qu'on obtient de ce fait une augmentation du pourcentage de raisin sec produit à partir du raisin frais, ainsi qu'une amélioration de la qualité du produit fini.

Parmi les variétés les plus connues du raisin en Tunisie, on trouve : la Sultanine, le Muscat, le Dattier de Beyrouth, le Razzegui, ect (figure-3)…

Figure n°3 : Quelques variétés les plus connues du raisin en Tunisie

II-3 Caractères généraux de la baie du raisin

D'un point de vue structurel, la surface de la baie du raisin présente une structure complexe, constituée par une couche cohérente de cellules où s'intercalent des composés pectiques fortement hydrophiles. La partie la plus externe de la pellicule, est constituée par une couche cireuse, qui apparaît au microscope électronique comme formée par de petite disques situés les uns sur les autres (Riva et Peri, 1983). Cette couche cireuse, qui représente 100 mg par cm^2 de surface, est constituée essentiellement d'acide oléanolique et de nombreux constituants secondaires (paraffines, aldéhydes, acides gras, esters, alcools).

II-4 Composition de raisins secs

On récapitule dans ce tableau n°6 la masse de chacun des constituants existant dans 100g de raisin sec.

Eau (g)	Protéines brutes (g)	Lipides bruts (g)	Glucides bruts (g)	Cendres bruts (g)	Ca (mg)	Phos (mg)	Sodium (mg)	Fer (mg)	Zinc (mg)
18	2.5	traces	77	2	60	100	2	25	3.5

Tableau n°6 / Composition de raisins secs

II-5 Préparation traditionnelle du raisin secs en tunisiens

En Tunisie, en diverses localités, une partie de la récolte est séchée et conservée selon des méthodes que les générations successives se sont transmises avec fidélité depuis plus de dix siècles.

La préparation de la lessive passe par les étapes suivantes :
- on prend une grande jarre de 120 litres environ (figure II-2) dotée d'un orifice au fond, et dont la partie supérieure a été cintrée pour obtenir un récipient à large ouverture.
- on dispose au fond de la jarre d'une couche de sable mise entre deux fragments de natte destinée à servir de filtre ; au-dessus, on place un mélange composé de deux parties de cendre de lentisque et d'une partie de chaux vive, ce mélange est pressé fortement à l'aide d'un pilon.
- on verse de l'eau par-dessus et celle-ci en traversant lentement ces couches, elle est recueillie par l'orifice inférieur. Au contacte de l'eau, la chaux vive décompose les carbonates alcalins de la cendre et met les alcalins caustiques en liberté. La première eau est très riche en alcalis, ensuite la richesse diminue progressivement.

- puis on lessive jusqu'à ce que le liquide recueilli présente la densité voulue c'est-à-dire qu'un œuf frais y surnage. On ajoute à la lessive une petite quantité d'ail destinée à chasser les guêpes et les abeilles pendant le séchage.

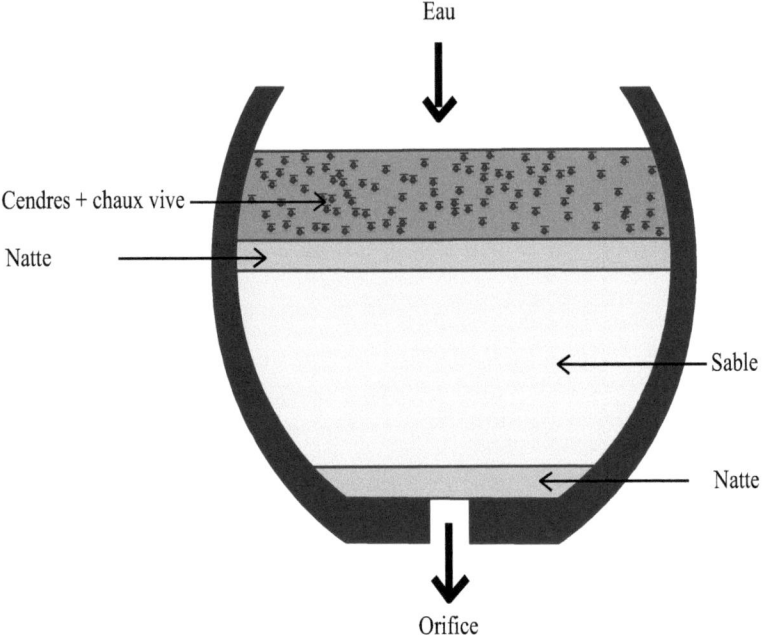

Figure -4 : Trempage traditionnel du raisin

On fait bouillir la lessive obtenue et on immerge les raisins. Ces derniers son ensuite étales sur des nattes en joncs, dans les vignes ou les jardins.

Le dessèchement demande environ 16 jours suivant les conditions atmosphériques. Après le séchage, le raisin ne subit aucun traitement particulier pour être conservé dans des jarres et en le tassant avec soin.

A Akouda, Hammam-sousse, Monastir, Sfax, les grappes sont étalées soit sur des nattes, soit simplement sur une couche d'alfa etc…. pour éviter le contacte du sol. Elles sont retournées une fois. Au bout d'une dizaine de jours, la dessiccation est complète. On ramasse alors le raisin et on le lave à l'eau de mer pour le débarrasser des germes vivants qui peuvent se trouver à la surface des grains et en compromettraient la conservation. Afin d'éliminer cette dernière portion d'eau, le raisin est de nouveau étendu au soleil pour être séché, ressuyé et repris définitivement dans des jarres de conservation. Au fond de chaque jarre, on dispose d'une couche de feuilles de vigne sèches, sur laquelle on place les grappes par lits successifs bien tassés en entremêlant parfois des rameaux de plante aromatique, le remplissage est terminé par un lit de feuilles sèches comme à la partie inférieure, l'ouverture de la jarre est ensuite lutée avec soin (Zitoun, 1989).

III Présentation de tomate

Cultivée traditionnellement en plein champ, la tomate est devenue la principale production de serre en culture hors sol (sur substrat), notamment avec des variétés « indéterminées » qui sont susceptibles de produire toutes pendant 12 mois. Les principales variétés des tomates sont classées en 5 types : rondes (vrac ou grappe), charnues (ou côtelées), allongées (vrac ou grappe), cocktails (grappe), cerises (vrac ou grappe) (figure -5).

III-1 Caractères généraux de la baie de tomate

La tomate est une plante de la famille des Solanacées, originaire d'Amérique du Sud. Légume le plus consommé dans le monde après la pomme de terre et présent presque toute l'année (tableau n°6 et n°7), la tomate possède une très bonne image. Le fruit est une baie charnelle ou dans les termes botaniques, un ovule enflé. La figure n°5 représentant le schéma d'une coupe longitudinale transversale d'une baie de tomate et indique ces parties différents.

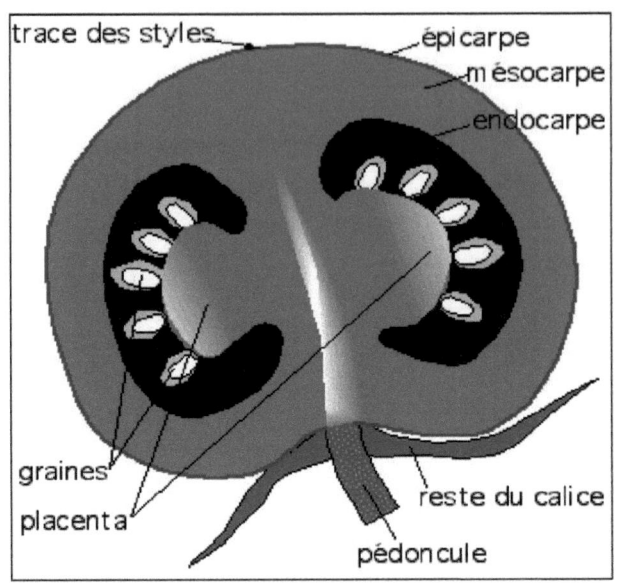

Figure n° 5 : Les différentes parties du tomate

III-2 Evolution de la production de tomate en Tunisie

Année	1995	1996	1997	1998	1999	2000	2001	2002	2003	2004
en 10^3 ha	22.8	34.1	26.8	29.3	26.6	27.5	23.1	24.2	26.3	26.0

Tableau n°6 / Evolution des superficies de tomate (A.S.A, 2004).

Année	1995	1996	1997	1998	1999	2000	2001	2002	2003	2004
(10^3 tonnes)	580	700	500	663	930	950	750	810	880	970

Tableau n°7 / Evolution de la production de tomate (A.S.A, 2004).

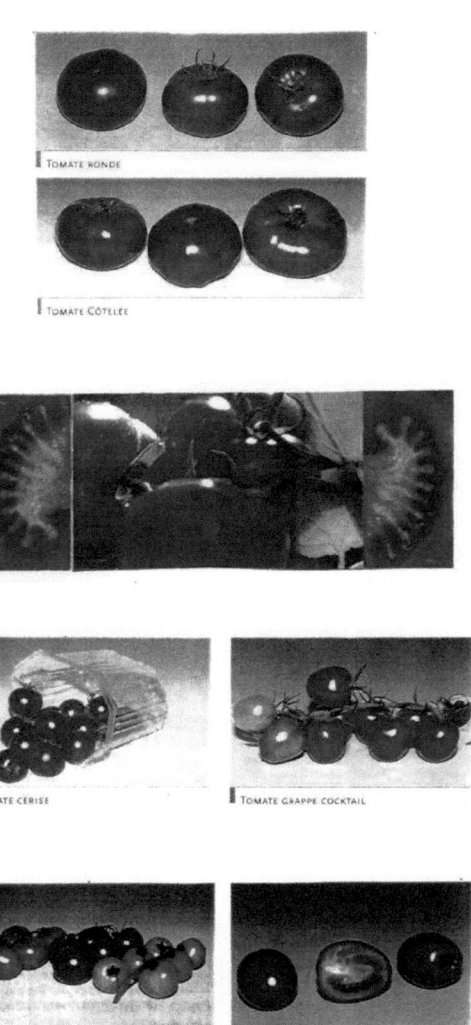

Figure -6 : Quelques variétés de tomate

III-3 Séchage traditionnelle de tomate en Tunisie

Le mode traditionnel de séchage consiste à découper longitudinalement la baie de tomate en deux tranches, et à saupoudrer chacune des faces ouvertes avec du sel de cuisine (chlorure de sodium), après quoi il est mis à sécher au soleil sur des nattes. On étalera par exemple, la récolte sur une aire préalablement débarrassée des feuilles, des pierres et de la végétation. Dans les villes on place parfois celle-ci sur les toits des habitations ou sur des nattes à même le sol. Il faut de plus les rentrer chaque soir pour éviter de les soumettre à la baisse de température nocturne et à la rosée matinale. Le dessèchement demande six à neuf jours selon les conditions atmosphériques. Les tranches de tomate ainsi séchées ne subissent aucun traitement particulier pour être conservé dans des jarres (ou des bouteilles en verre) et en les tassant avec soin et parfois on les surnage avec l'huile d'olive. Finalement on ferme les jarres (les bouteilles) par des morceaux de sachiez en plastique.

Annexe 2

Courbes de variation de la teneur en eau, de la température du produit, de la température et de l'humidité relative de l'air lors du séchage à conditions constantes (au laboratoire)

Dans l'annexe 2, nous avons rassemblées les figures représentant les courbes de variation de la teneur en eau X (cas du piment et cas du raisin), de la température du produit T_p, ainsi que la température T_a et l'humidité relative de l'air séchant Hr, pour des différentes valeur de la radiation G et de la vitesse de l'air V_a.

1-Cas du piment

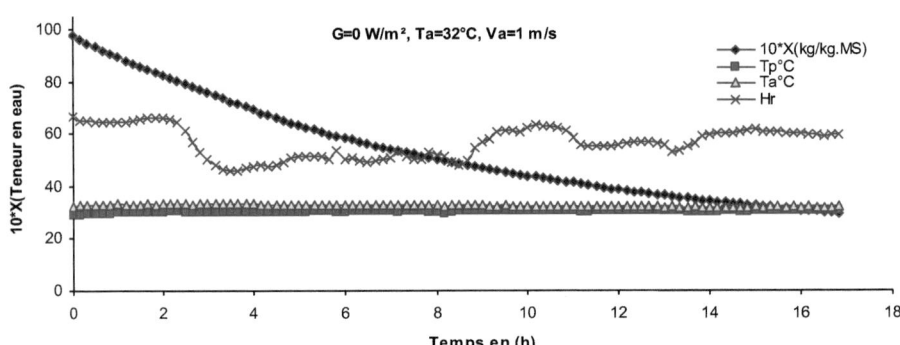

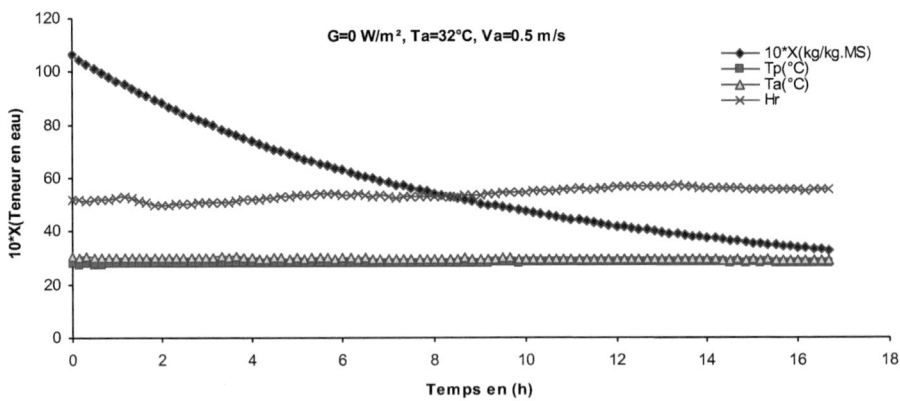

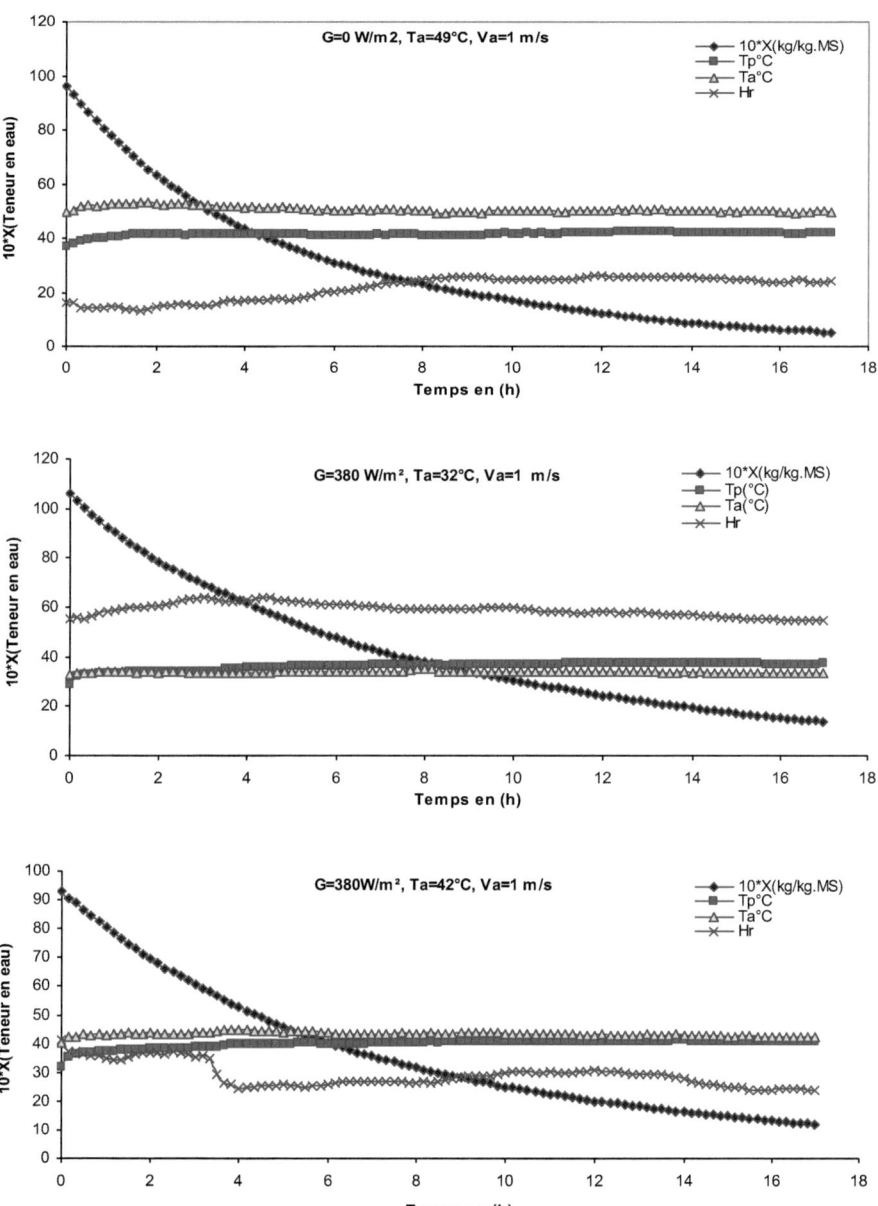

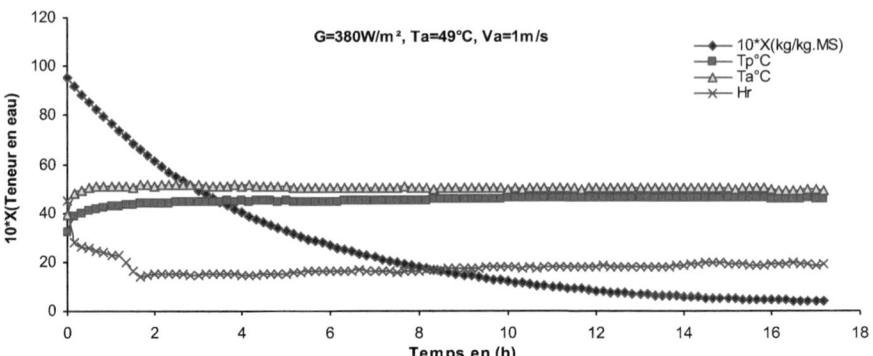

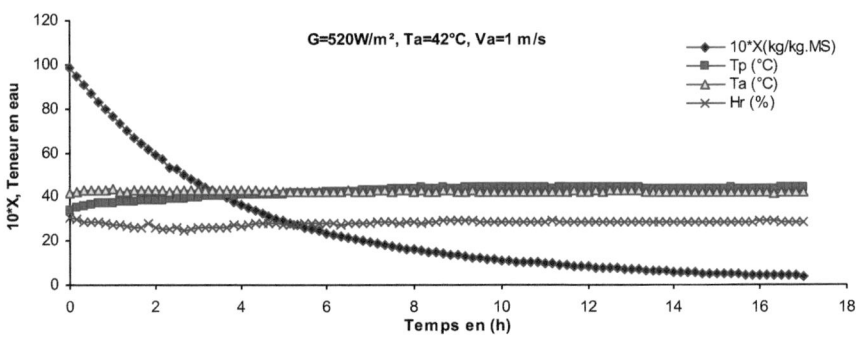

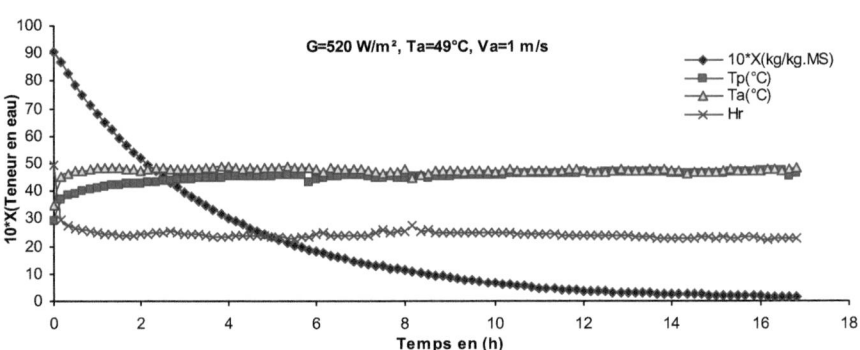

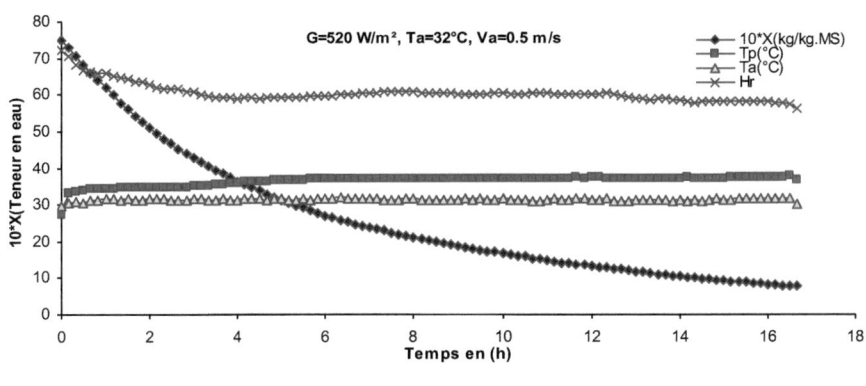
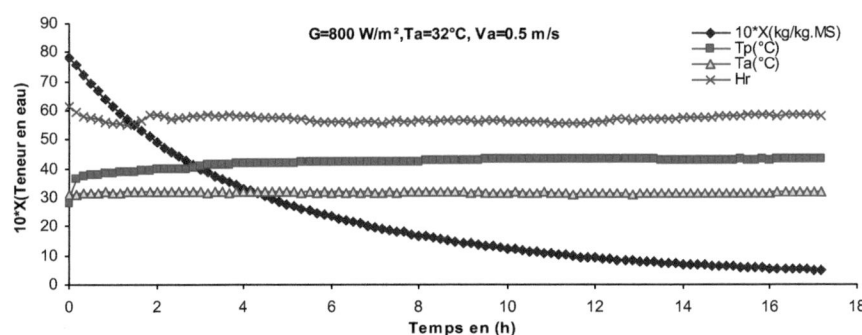
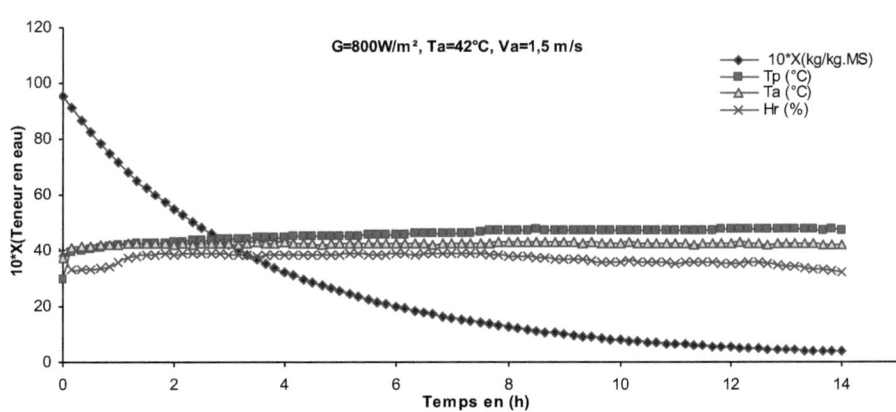

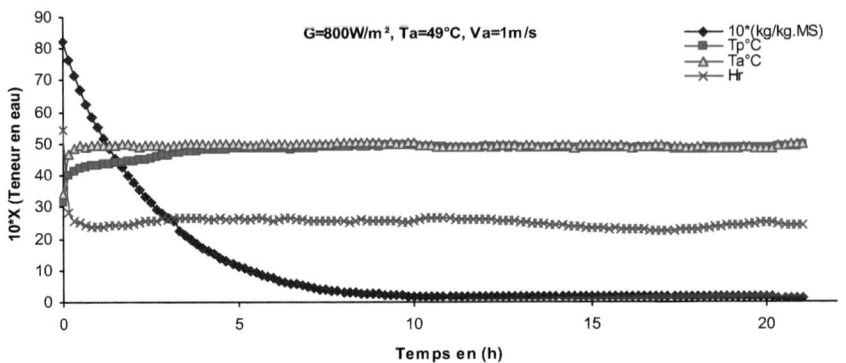

2-Cas du raisin

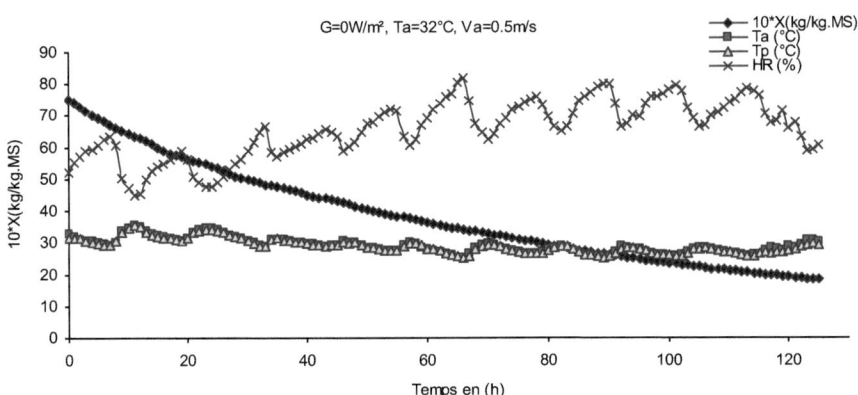

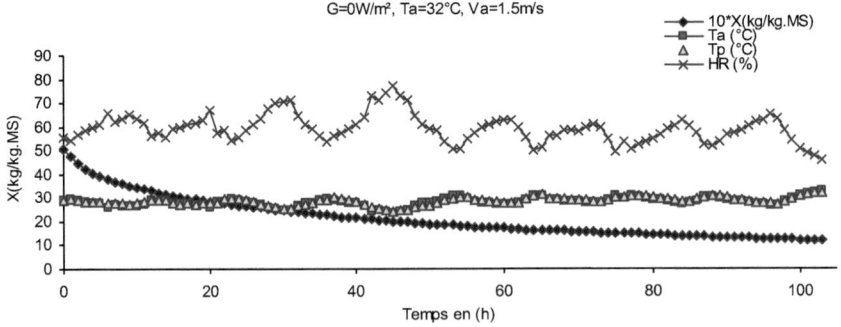

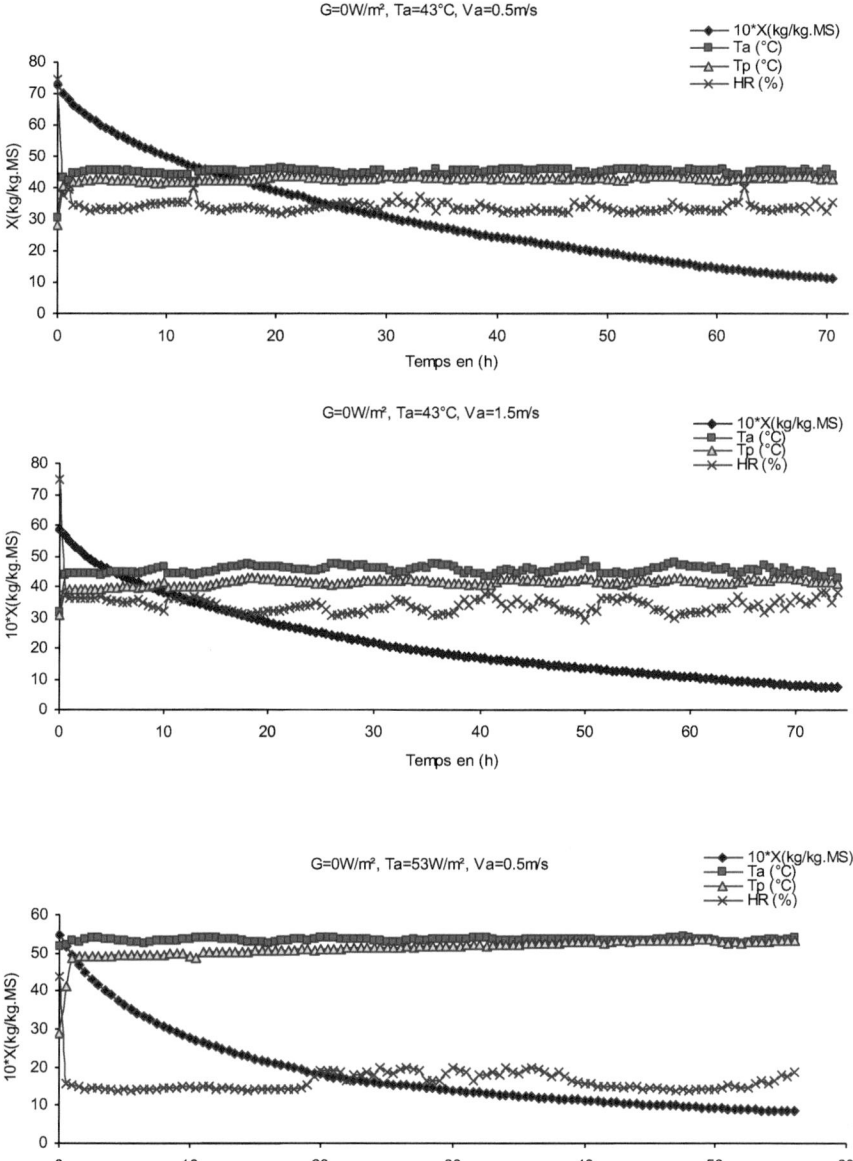

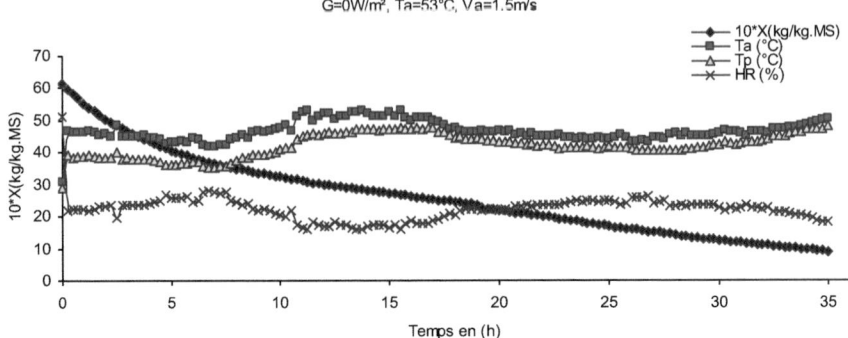

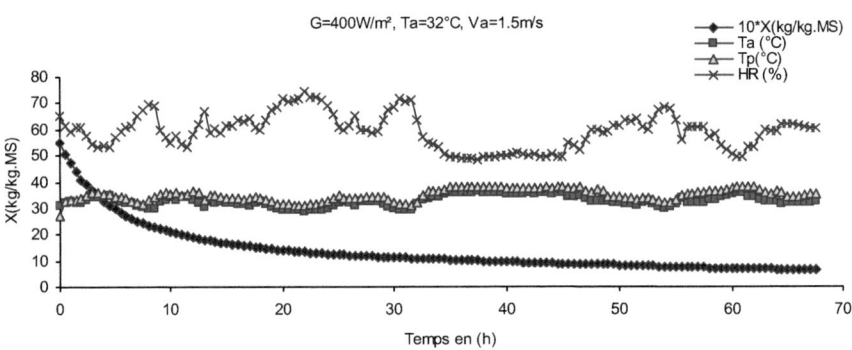

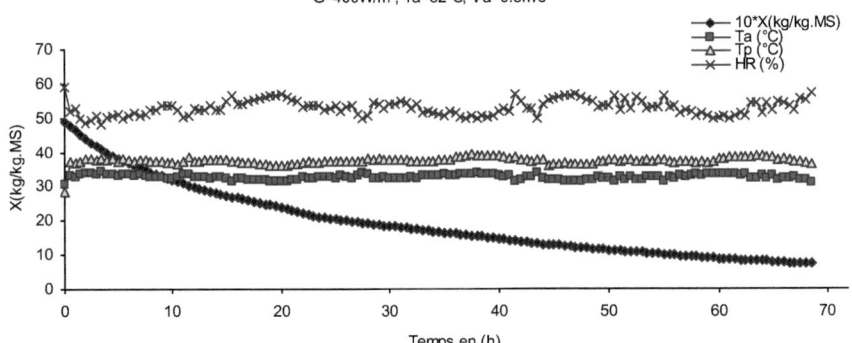

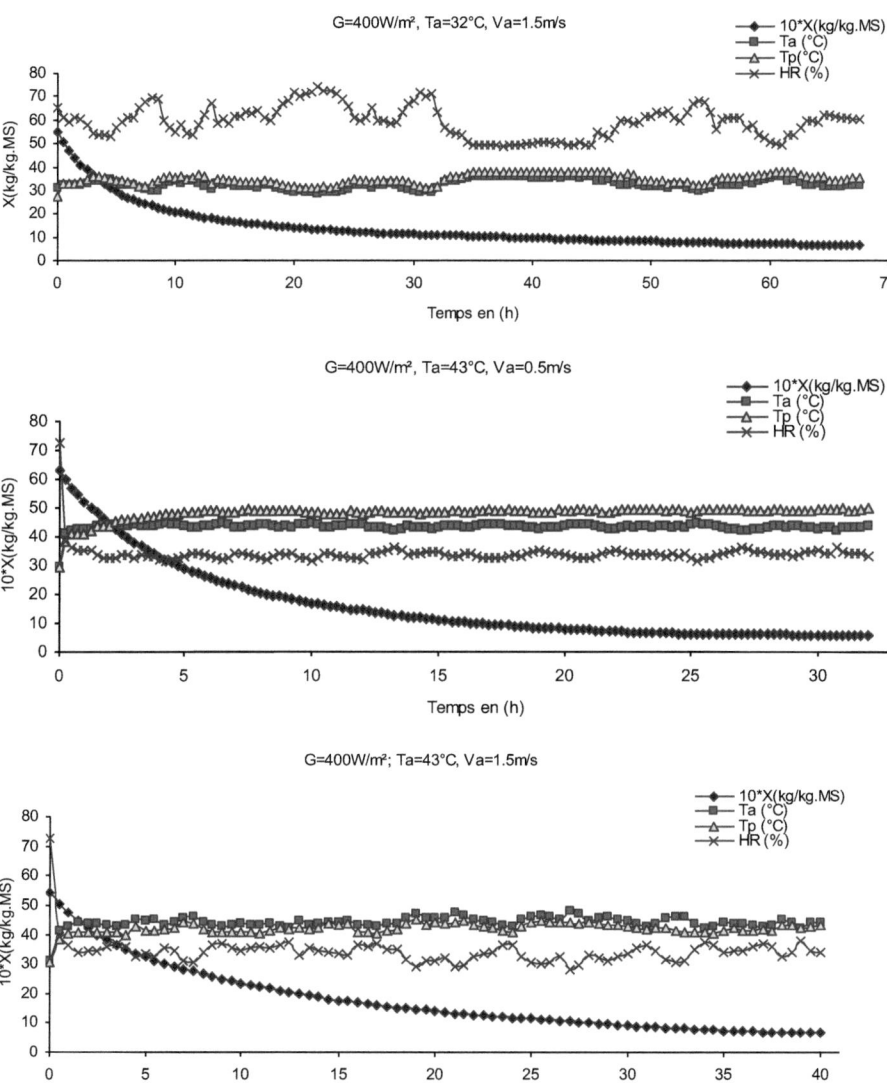

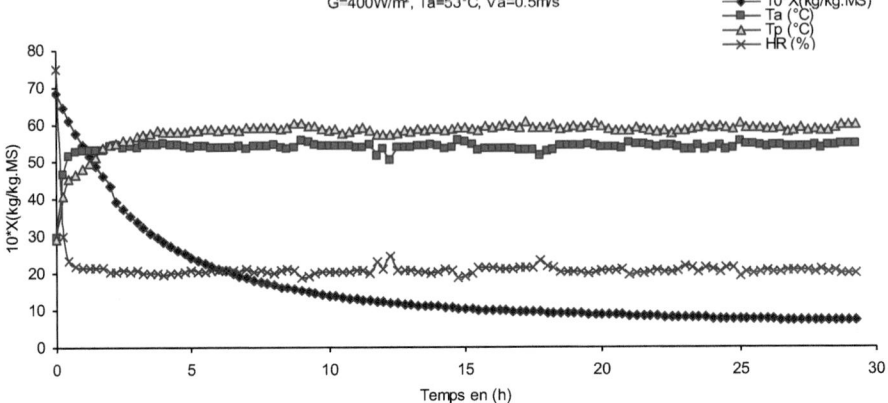

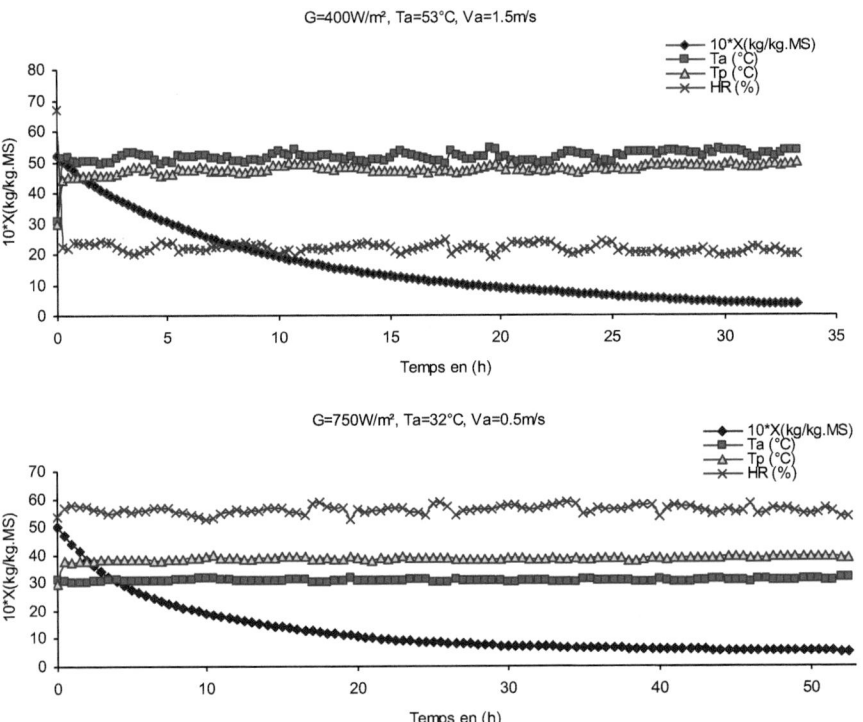

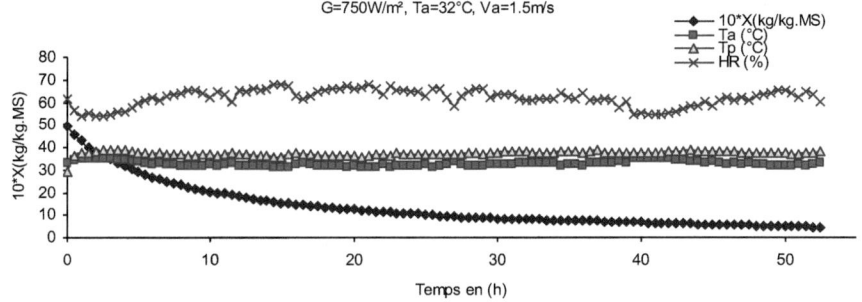

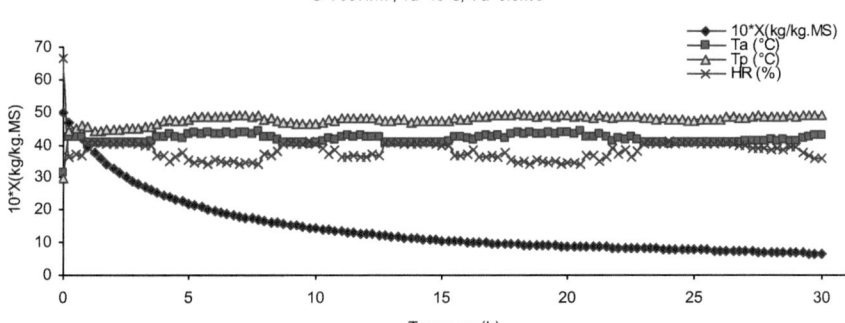

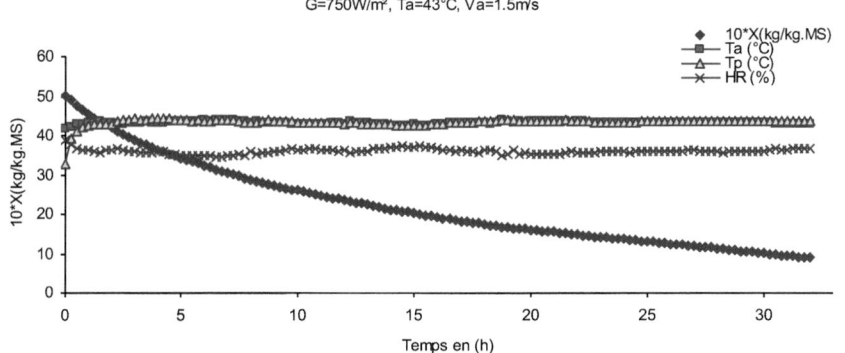

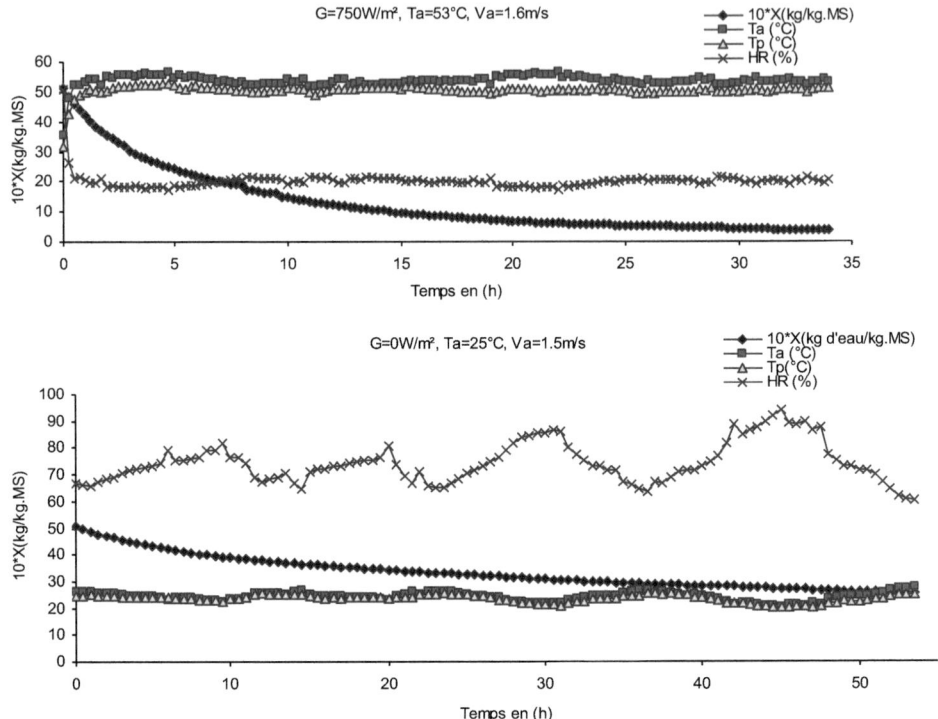

Oui, je veux morebooks!

i want morebooks!

Buy your books fast and straightforward online - at one of world's fastest growing online book stores! Environmentally sound due to Print-on-Demand technologies.

Buy your books online at
www.get-morebooks.com

Achetez vos livres en ligne, vite et bien, sur l'une des librairies en ligne les plus performantes au monde!
En protégeant nos ressources et notre environnement grâce à l'impression à la demande.

La librairie en ligne pour acheter plus vite
www.morebooks.fr

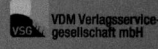

VDM Verlagsservicegesellschaft mbH
Heinrich-Böcking-Str. 6-8   Telefon: +49 681 3720 174   info@vdm-vsg.de
D - 66121 Saarbrücken   Telefax: +49 681 3720 1749   www.vdm-vsg.de

Printed by Books on Demand GmbH, Norderstedt / Germany